The Yin-Yang Principles of Life / Noboru Yamanoi

-Unraveling the Mysteries of Biological Rhythms-

生命の陰陽学

よみがえる生体リズムの謎

生体物理医学者
山野井 昇

IDP
出版

生命の陰陽学

よみがえる生体リズムの謎

まえがき

からだの中の振り子

私たちのからだの内には、振り子が存在する。「♪大きなノッポの古時計」のように、左右に行っては元に戻るという振り子である。

それを医学的に、生体の恒常性、あるいは「ホメオスタシス」と名づけている。これは古くから有名な、アメリカの生理学者キャノンの学説だ。

「ホメオスタシス」は、からだが変化したときに、また元の最も望ましい状態に戻るような作用・働きである。どんな生物にも備わる重要な生理機能の一つである。

端的な例をあげれば、トカゲのしっぽ切りを思い浮かべると、すぐわかるだろう。切った部分の先端から、細胞が増殖を始め、やがて元のからだに復元する。

人間に目を向けてみても、このような機能は、個体の細胞などに見受けられる。皮膚の創傷の修復や、肝臓の再生能力は代表的な例である。

もちろんガン細胞の発生・自然消滅も同様である。

健康なからだでは、日々、**体内で発生したガン細胞は、やがて遺伝子で決められたアポトー**

シス（細胞死）と呼ばれる振り子によって元のからだに戻る。

からだの恒常性の保たれる範囲は、体温や血圧、体液の浸透圧や、pH（酸と塩基の濃度を示す単位、ペーハーと呼ぶ）などをはじめ、病原微生物の排除など全般に及んでいる。

よく例に出されるのは体温調節である。発熱すれば、汗をかいて体温を下げる。逆に、体温が低いときは、ふるえによって熱を産生し、体温を上げようとする。

つまり**恒常性が保たれるためには、何らかの原因で悪い変化が生じたとき、それを良い方向に戻そうとする作用、すなわち、生じたプラスの変化を打ち消す、マイナスの変化を生む働きが存在しなければならない。**

これは、「負のフィードバック作用」と呼ばれている。

「負」……とはいえ、これは意味のある言葉だ。

この生体に備わる正と負の作用を、主に司っている生理機能は、たとえば自律神経系や内分泌系（ホルモン分泌）、それに免疫系である。

では、からだの振り子の、生体機能を調節している「根源的な支配の主」とは、いったい、何であろうか？

その運命を担っている生命の神秘なメカニズム、よみがえる生体リズムの謎とは？

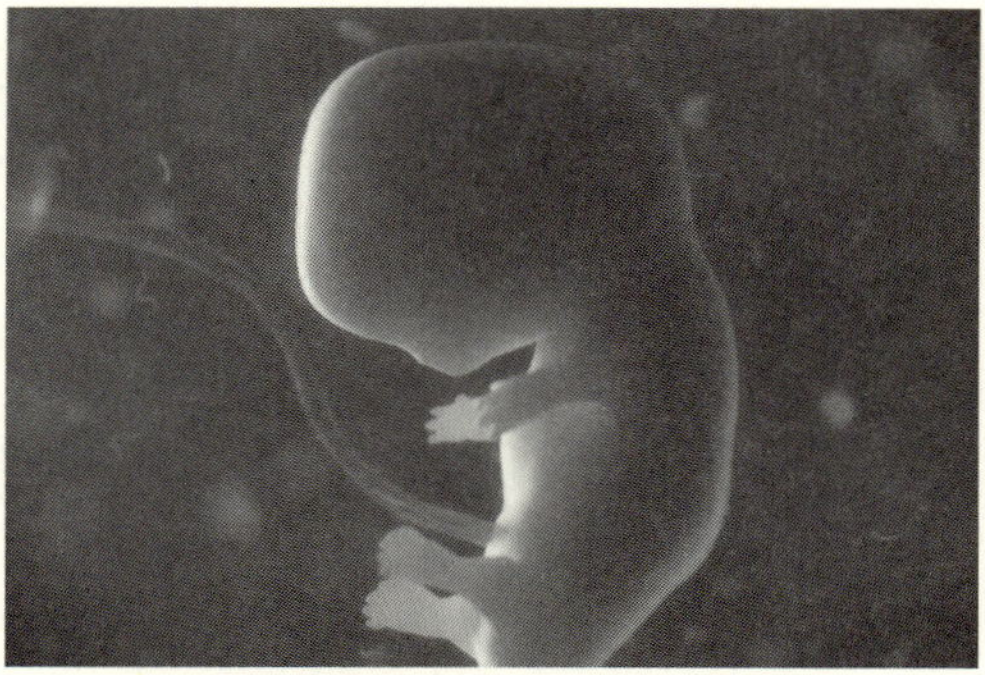

生命はどのように誕生したのか?

その謎解きが、この本の出発点である。

陰と陽の不思議

この生命活動の、基をつくり出すものは、いったい何なのであろう？

アミノ酸？　生体元素？

それとも潮の満ち引き？　宇宙のリズム？

いやいや遺伝子かな？

いろいろな考えが交錯する。

その解決の糸口を探るには、まず生命が誕生した宇宙の謎を知ることが大事だ。

そのとき、宇宙はどんな物質から成り立ったのか？

生命はどのようにして誕生したのか？

生命は、地球のほかの惑星にいないのか？

なぜ太陽や地球は丸いのか？

なぜ地球には、海と陸と空があるのだろう？

北極と南極の地磁気。

謎は深まるばかりだ。

生命リズムは太陽の陰陽が創り出す

太陽が誕生して以来、球体には「光」と「陰」ができる。

それは、地球上にいる生物にも大きな影響を与え続けてきた。

光と影、いわゆる「陰陽《いんよう》」である。

その二元性ともいうべき現象は、からだ全体の調節機構から、細胞や生命分子の微小なメカニズムに至るまで、陰陽の法則といえる、特殊な性質を与え続けてきた。

たとえば生命形成の中心である、遺伝子情報のＤＮＡは、二重らせん渦巻き状を見せる。

ＤＮＡを構成する塩基は４種類、ＡＴＧＣ、膨大な数のこ

球体には「光」と「陰」ができる

の4種類の塩基によって生命情報は形作られている。

AはTと、GはCと結合する。このルールが完璧に守られ、2本の鎖が結合されている。

そのため一方の鎖の情報から、他方を作り出すことができ、数多くの分裂を繰り返すことによって、増殖することが可能となっている。

ところで、このDNAの2本の鎖は、陰と陽であり、裏と表の関係になっているという考えもできる。

らせんという形そのものも、一種の（円）運動をする空間の関係ととらえることができる。これは宇宙や原子の空間と構造そのものである。

しかも生命活動の究極は、細胞の微細な分子モーターの回転で、そのエネルギーは水素イオンである。細胞の新陳代謝も、すべて太陽の回転運動が基本である。

また歴史の流れも、文明も、流転である。二重らせん系の生命現象と同じである。

さてここで、また太陽活動と陰陽に戻ろう。

自然界の森羅万象には、対極的でありながらも、相互補完や協調といった事象関係が多く見出される。それは絶妙な生命維持の秩序と法則の下で成り立っているといってもよい。

地球では、太陽と月、天と地、北極（N）と南極（S）である。また生物界では雄と雌の生殖、ヒトでは男と女の存在、そしてからだでは肉体と精神、まさにデカルトの二元論である。さらに極限の原子物理の世界では、陽子と電子の関係がある。

生命に宿るさまざまな陰陽のバランスも、地球・空気・水に宿る、正負の不可思議な二元性、これらを新しい陰陽の概念で、多角的に考察することは興味深い。

正負と陰陽の二つの性質は、もとより古代中国では、代表的な陰陽五行論として説かれ、宇宙と生命、なかんずく私たちの病気と健康に、密接に関わり合うこととしている。

陰陽は宇宙の基本原理

陰陽は東洋哲学（とくに中国）における「宇宙の根本原理」になっている。同時にそれが中国に起源する推命学や易学、あるいは漢方医学・鍼灸《しんきゅう》の根本原理ともなった。

それが今日では、漢方医学や中国医学の原点になった。

それを踏まえ、**本書では、西洋科学の素粒子論の視点から、新しい陰陽五行論を綴《つづ》っている。**

各章は、正負と陰陽のこだわりから、「地、水、火、風、空」の五大素を項目に組み入れ、内容を構成した。

たとえば「地」では、地球と岩石、ケイ素など人体を構成する元素。「水」では、海と生命、細胞と体液、水素、酸とアルカリである。「火」では、宇宙生成のビックバン、オーロラ、プラズマ生成、呼吸、酸素、酸化と還元。「風」では、大気と電荷、空気イオン。そして「空」では、命の本質を、もう一つの正負・陰陽で紹介した。

この本の表題は、〈陰陽〉としたが、章によっては〈正負〉という同義語が並んでいる。これらの二つの言葉の使い方には、微妙なニュアンスの違いがある。それは、個々の専門分野で慣習として用いられた言葉、また東西の歴史で培われた語句、という点である。そのため各章では、項目内容と一番になじみのよい言葉を選んで使っている。

本書は、ことの性格上、医学的側面のものが多いが、西洋医学、東洋医学、代替医療といった範疇《はんちゅう》を越え、また哲学、宗教・思想・倫理などに関心のある、老若男女問わず幅広い年齢層の人々に、ぜひ読んでいただきたい内容になっている。陰陽論などの専門家にとっては少々物足りなさを感じるだろうが、この分野に興味をもつ読者のためにできるだけわかりやすい文章を心がけた。

そして本書に記した意を少しなりとも、汲《く》み取ってもらえれば、それは著者にとってこの上ない喜びである。

この生命と陰陽の世界には、まだまだ魅力的な法則や不思議な事象が数多い。この続きは本書を手にとって読んでくださる、賢明な読者のみなさんの探究心に委ねたい。

なお、本文中では、参考にさせていただいたできるだけ多くの文献・資料を、感謝を込めて巻末に収載させていただいた。

心より感謝申し上げたい。

平成28年10月

書斎より遠くに富士の山を眺めながら　山野井　昇

目　次

プロローグ

「反物質のことはご存じのようですね、ミスター・ラングドン」……。ヴィッツトリアはうなずいた。「すぐれたSF作品は、すぐれた科学に基づいているものです」

「では、反物質は現実に存在するんですか?」

「自然界の事実です。どんなものにも対立物があります。陽子には電子。アップクォークにはダウンクォーク、原子より小さなレベルでも、整然たる対称が存在します。反物質が陰、正物質が陽。そうでなければ、物理方程式は成立しません」……

これはダン・ブラウン『天使と悪魔』の一節である。だいぶ前の読書であったが、この一節が、忘れられず、いまだに私の脳裏に焼きついていた。

物理方程式が成り立たないという「陰と陽」。また「自然界の対立物」そして「宇宙と空の概念」。いろいろ興味がわくテーマである。

現代物理学は、20世紀に入り物質の最小単位を探究した結果、すべての物質は、原子核と電子、ニュートリノ、クォークの素粒子からできていることを発見した。

宇宙の中の万物を構成する最小単位かもしれない素粒子は、その存在が「対称性」「質量」「無

南部陽一郎

朝永振一郎

ポール・ディラック

限大」の壁を乗り越え、現在、量子力学は「重力」の課題に迫っている。

ポール・ディラック、エルヴィン・シュレーディンガー、朝永振一郎《ともながしんいちろう》、南部《なんぶ》陽一郎《よういちろう》など、歴代のノーベル賞受賞者の量子物理学が到達した素粒子論に、太極から分化した陰と陽から万物は生じるという太極図をあてはめて思慮すると、その相似性に驚かされる。

無限大「∞」は、インフィニティ、メビウスの環を表し、環のどこをとってもオモテ（陽）とウラ（陰）の区別があるのに、たどってゆくと陽が陰になり、陰が陽になり、陰陽一体であり、さらに、永遠に繰り返される循環（死と再生など）を象徴している。

先に述べた遺伝子DNAの二重らせん渦巻きを思いおこす。

また東洋の仏典に「諸法実相《しょほうじっそう》」「輪廻転生《りんねてんしょう》」「色即是空《しきそくぜくう》」

などの有名な語句があるが、実に科学的な自然法則を、見事に表した言葉である。

現代社会には事業者、科学者を問わず、さまざまな成功者が誕生している。その成功の裏側には、個々の持つ哲学や思想が大きな役割を担っていることが多い。

たとえば56歳の若さでこの世を去った、アップルの創業者スティーブ・ジョブズ氏の生き方は、禅道に大きく影響を受けていた。アメリカに住む禅師の許《もと》に足繁く通っていたようだ。彼の知人はこのように語っている。「彼が生み出した製品には、仏教の精神が漂っている。その天才的な能力のおかげで、世界中にコンピュータが普及し、何十億という人々の頭脳が、ニューロン単位でつながった。〝宝玉をちりばめたインドラ網〟の創造といえる」

また、ジョブズ氏は、アップルの基本理念を、「フォーカスとシンプルさ」と定義し、「シンプルであることは、複雑であるより難しい」と語っていたらしい。これも禅の教えそのものだ。

物質界は素粒子が凝縮し顕現したものであり、素粒子とは、すなわちすべての物質を生む基である。**物質の基は空であり、固定しておらず移り変わるものである。**

またノーベル物理学賞の波動方程式で有名な、シュレーディンガー博士は、自著の中で、「量子力学」の基礎になった自分の波動方程式は、東洋の哲学の諸原理を記述している、と語り、自著『精神と物質』には、次のように記している。

「西洋科学の構造に東洋の同一化の教理を同化させることによって解き明かされるだろう」

「西洋科学は東洋思想の輸血を必要としている」と。

これら西欧の偉人たちが求めたのは東洋の思想である。

東洋の英知を、未来医学に取り入れようとしている私にとって、世界の偉人たちの言葉は、とても共感できる珠玉の名言である。

また世界の偉人たちの言葉は、この本のテーマをそのまま如実に表現するものである。

撮影：Steve Jurvetson

アップルの創業者スティーブ・ジョブズ（上）ノーベル物理学賞の波動方程式で有名なシュレーディンガー博士（下）

第1章

東洋思想に見る陰と陽

すべての事象には陰と陽がある

ところで文明には一般に、「西洋」と「東洋」という二つの大きな概念の区分がある。

西洋は文明開花に代表されるように、開かれた陽《よう》の雰囲気をかもし出す。

一方、東洋は、歴史と伝統を重んじる、陰の雰囲気を持つ。

東と西は陰と陽の関係で、正反対の性質を持っているといってもよいだろう。

これまでの世界感から見ると、**時代の中心はやはり西洋文明である。西洋文明は、科学に象徴されるように、物事を細かく分けて分析することを得意とする。**

そのため今日の高度経済社会に見られるように、大きな文明的な成果を生み出したという自負がある。しかしながら公害問題、地球温暖化、貧富の格差など、負の遺産をもたらしたことも事実である。

一方、**東洋的価値観は、自然を愛し、全体を大きく統合し、その中での一つひとつの役割、周りとの関係性を見ていく。つまり自然と調和の文明である。**

この時代的な対比から考察すると、陰陽の法則に一番深く関わり合うのは、東洋の考え方である。

それは西洋と東洋の、歴史的な事象と、反省から生み出された結論でもあるからだ。

ではまず初めに当たり、東洋的な「陰と陽」の基本的な考え方を理解していこう。

陰陽は東洋哲学（とくに中国）における「宇宙の根本原理」である。

同時にそれが中国に起源する推命学や易学、あるいは漢方医学・鍼灸《しんきゅう》の根本原理ともなった。

もともとは「陰陽《いんよう》説」と「五行《ごぎょう》説」があり、それぞれ別々のものであったが、それが中国戦国時代頃に一つとなり「陰陽五行説」となった。

つまり陰陽五行は、中国の春秋戦国時代頃に発生した、陰陽思想と五行思想が結びついて生まれた思想のことだ。陰陽五行説、陰陽五行論ともいう。

陰陽思想と五行思想との組み合わせによって、より複雑な事象の説明がなされるようになった。

中でも陰陽説は、日本に伝来して陰陽道《おんみょうどう》と呼ばれているが、もともとは中国最古の王とされる伏羲《ふくぎ》がつくったといわれている。

「陰陽」と「五行」の考え方は、すべての事物や現象は「陰」と「陽」との二気から生じ、

また「陰」と「陽」との相対的な関係をもって存在しているとしている。

世の中の事象がすべて、それだけ独立してあるのではなく、陰と陽という対立した形で世界ができあがっていると考える原理である。

そして、**陰と陽はお互いに消長を繰り返し、陽が極まれば陰が萌《きざ》してくるというようにして新たな発展を生む**という考え方である。

陰陽の働きを知ると、宇宙全体すべてのものの共生関係が、とてもよく理解できるようになる。

まず東洋的な悟りでは、すなわち宇宙の最初は混沌《カオス》の状態であると考える。

この混沌の中から、光に満ちた明るい澄んだ気、すなわち陽の気が上昇して天となり、重く濁った暗黒の気、すなわち陰の気が下降して地となったと説かれている。

古くから中国や日本では、**陰とは、広がっていく遠心的なエネルギーや状態で、丸くふくよかなからだをしている女性や、太陽に向かって伸びる植物のようなものを指す。**

陽とは、縮んでいく求心的なエネルギーや状態で、筋肉質な男性や大地を動き回っている動物のようなものである。

陰性の植物は、陽性の太陽を求めて高く伸びようとする。

上に伸びるものは植物のように陰性である。陰からは陽が生まれ、陽からは陰が生まれることによって、陰陽のバランスを保とうとする働きがある。

また陰性の寒い土地にできる植物は陽性が強く、その土地でそれを食べる動物は陽性の力でからだを温め、寒さをしのぐことができる。

逆に陽性の暑い土地にできる果物などの植物は陰性が強く、からだを冷やし、それを食べることによって暑さをしのぐことができるのだ。

この**相反する二つの性質がバランスをとり、共生関係を築くことによって、宇宙すべてのものが成り立っている**という考え方である。

相反する陰と陽はバランスをとるため、お互いを引きつけ合う。身近なたとえでは男性と女性、磁石のＮ極とＳ極は引き合う。

陰と陽、どちらがいい悪いということではなく、どちらも必要不可欠な大切な要素で、両方のバランスが大切なのだ。

この二気の働きによって万物の事象を理解し、また将来までも予測しようというのが陰陽の思想である。

陰陽に基づいた思想や学説を、陰陽思想や陰陽論、陰陽説などともいう。

この宇宙に絶対的に陰性、陽性なものは存在せず、陰の中にも陽があり、陽の中にも陰があり、すべては相対であることを示している。

陰陽を表す記号の太極図

陰と陽は、ある一定条件下で相反する方向に変わる

東洋思想の基本的な考え方は、古来のさまざまな文献・資料からひもとくことができる。

一般的に陽に属するのは、激しく運動しているもの、外に向かうもの、上昇するもの、温熱性のもの、明るい性質を持つもの。

反対に、陰に属するのは、静止しているもの、内へ向かうもの、下降するもの、寒涼性のもの、暗い性質を持つものなどである。

物事の陰陽の属性は相対的なものだ。ある条件では陰であっても、別の条件では陽となることもある。

また、物事は無限に分割されるため、昼間が陽で夜が陰だが、昼間の時間帯を午前と午後に分ければ、それぞれ陰と陽に分かれ、午前は陽中の陽、午後は陽中の陰と説かれている。陰陽にはまず、第一に「対立」があり、自然界のあらゆる事物と現象において陰と陽は、互いに対立し、制約や統一する関係を持っている。

つまり、物事は反対の側面がなければ成り立たないという考え方である。

第二に「依存」がある。陰と陽は 対立していながら 同時にお互いに依存して、一方だけが存在するということはできない。

対立する事物がなければ陰も陽も存在しえない。上がなければ下はなく、左がなければ右はない。このような依存関係をいう。

第三に「消長と平衡《へいこう》」がある。自然界における陰陽の対立と制約、依存の関係は静止的な状態ではなく、絶えず運動変化している。この運動変化の中で陰と陽はバランスを保っている。

陰と陽は相対的、動的な平衡にあるといえる。

冷たいものが温かくなり、熱くなるという過程や、季節が冬から春になり、やがて夏になるということは、『陰消陽長』（陰の要素が弱くなり、陽がより強くなる）の過程である。

逆に熱から涼、寒になることや夏から秋、そして冬へという移り変わりは『陰長陽消』の過程ということになる。

第四に「転化」である。**対立する事物の二つの面である陰と陽は、ある一定条件下で、相反する方向に変わる。**

『陰極まれば陽となり陽極まれば陰となる』という関係。陰陽消長は量的な変化の過程だが、ある条件下において変化が進み、質的な変化を生じ陰と陽は転化する。

陰陽と五行のつながり

陰陽と同じく、中国や日本では古くから宇宙にあるすべてのものを木《もく》、火《か》、土《ど》、金《ごん》、水《すい》という五つの要素に分けて考える五行説が、生活の中で身近な知恵として伝えられてきていた。

陰陽も五行も、今ではなじみが薄いものかもしれない。しかし暦《こよみ》の一週間の「日、月、火、水、木、金、土」という曜日は、日が太陽で陽、月は陰である。

中国語では、「陽」は「阳」、「陰」は「阴」と書く。

「火、水、木、金、土」が「木、火、土、金、水」という五行の各要素となり、一週間の七日を陰陽と五行で表していることからも、昔から陰陽も五行も、いかに生活に密着したものであったかがわかる。

木が燃えて火となり、火で燃やされたものは灰となり土となる。土の中から金属は生まれ、金属には露（水）が生じ、金属（ミネラル）は水を活かす。そして水は木を育てる。木火土金水、それぞれを生かすためのループである。

ちなみにループ（loop）とは、「輪」を意味する言葉である。

新しいものが生まれ、成長していくのと同じように、古いものが滅し、次なるものへと、姿・形を変えていく働きがあって、すべての生命のループがスムーズに行われる。

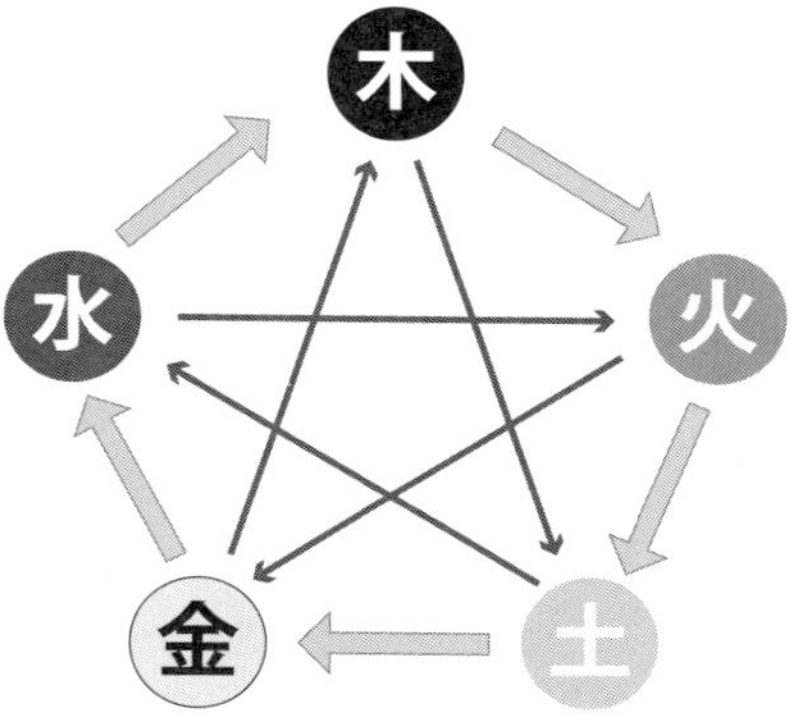

陰陽と五行

五行の「木、火、土、金、水」にも陰陽があり、木・火が陽、金・水が陰、そしてその間にある土が中間的性質を備えている。

驚くのは土の中に一番多く存在するミネラルがケイ素（Si）であり、元素周期表では14族の半金属の中間的な物性をもつことだ。しかも、「珪《ケイ》」の字は右側に土が二つ、左側に王偏がつく。

ケイ素が地球の土壌の中で、一番多いミネラルであることがその時代にわかっていたのだろうか。中国語の語源には驚かされる。

そしてこの中間的性質を持つ**土が五行をつなぎ、統合の理を果たしている。**

お寺の五重塔も、一つひとつが五行の各要素を表し、万物を治める象徴としての役割を担っている。

人体にも陰陽がある

ところで陰陽五行の集積を、私たちの身近な分野で眺めると、「東洋医学」が一番に思い浮かぶ言葉だ。

中国思想では、相対する二つの要素の関係を「陰陽」とし、その内部で絶えず変化するさらなる五つの要素を「五行」ととらえた。それを人間の生命の営みにも応用して理論づけ、体系化を図っている。

人体の生理、病理、外部環境との関係を説明し、病気の現状と治療、予後に取り組んでいるのが中国の伝統医学である。

今から２０００年以上も前に書かれたといわれる東洋医学の原典である『黄帝内経素問《こうていだいけいそもん》』では、**「陰陽は宇宙の普遍的な法則であり、一切の事物の大綱であり、万物の変化の始源であり、生長、壊滅の基礎である。大いなる道理は陰陽の中に存在している。疾病《しっぺい》を治療するには必ず病の変化の根本を追求すべきであり、そしてその道理は陰陽の二字から離れないのである」と説かれている。とても重要な真理である。**

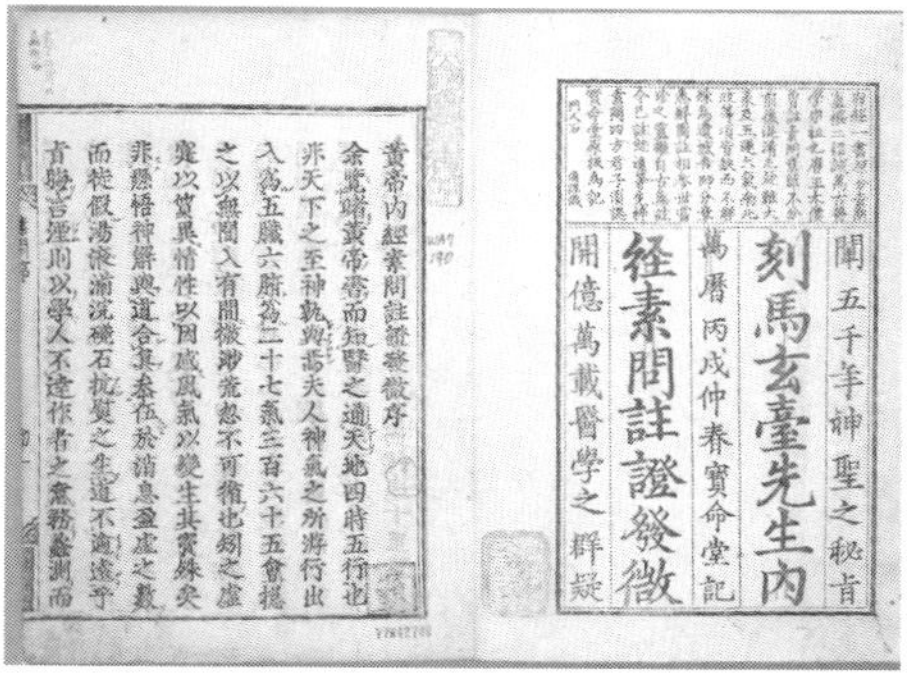

東洋医学の原典『黄帝内経素問』

今日使われ始めた**「未病」とは、人体における「陰陽」の物理的、化学的、生理的、心理的バランスの崩れ始めた、つまり「歪《ゆが》み」が生まれた状態で、この歪みが回復せず固定したのが「病気」ということになる。「人体にも陰陽がある」。**この言葉は、臓器・部分、専門、外科的を連想する西洋医学ではとても思いつかない発想である。

中医学つまり東洋医学では、人体を陰と陽とに分ける。人体の生理、病理、診察、治療について陰陽と気の概念を用いて説明し、具体的方法論を展開している。

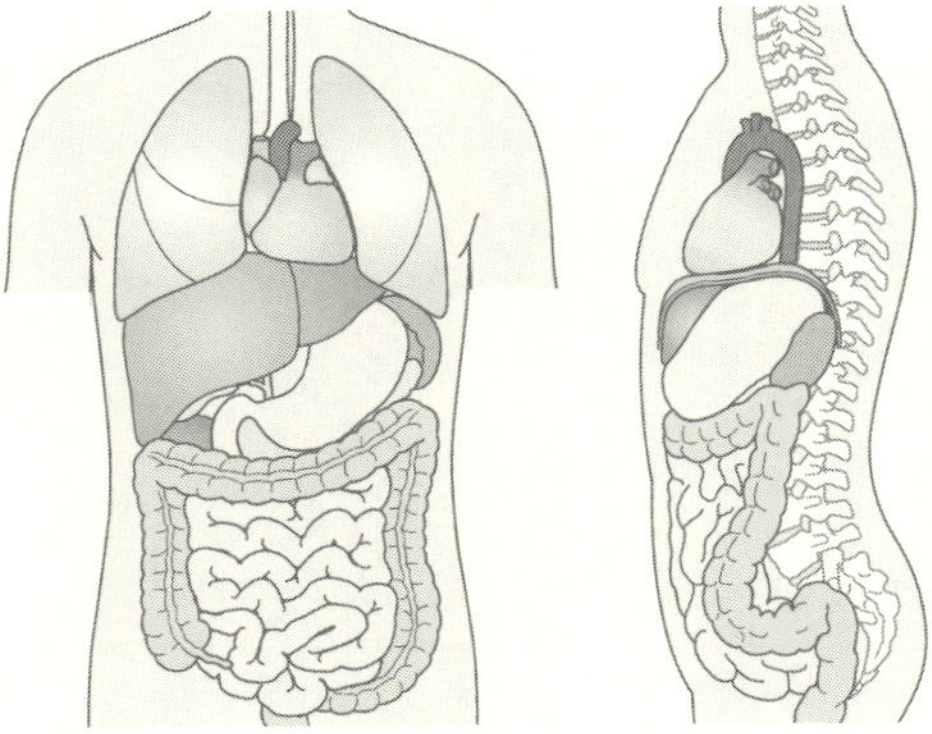

人体の各種臓器・器官

人体の上は陽で、下は陰、体表は陽で内部は陰、背部は陽で胸腹部は陰、四肢《しし》外側《がいそく》は陽で内側《ないそく》は陰、気は陽で血は陰、五臓は陰で、六腑《ろっぷ》は陽となる。

そしてその五臓に着目して、心と肺は胸部（相対的に上）にあるので陽、対して、肝、脾《ひ》、腎は腹部（相対的に下）にあるので陰ということになる。

日本古来の伝統的な習わしと教義では、人体において「左」は「火足《ひた》り」であり、「霊足《ひた》り」であって、陰陽でいえば陽となる。「右」は「水極《みぎ》」、「身極《みぎ》」であって、陰陽でいえば陰になる。

陰あっての陽であり、陽あっての陰であって、どちらが尊い、どちらが卑《いや》しいということはない。

前に進むに当たっては「陽の左足」から進み、退くに当たっては「陰の右足」から下がるのが常識だ。

陰陽、同時に動くときは、「陽主陰従」の理《ことわり》に従って、陰を象徴する右手が少し下がるのである。
脳（大脳）は右脳と左脳、二つの補い合う関係で、陰と陽二つの共生関係で成り立つ。そこから情報を伝達する神経は、延髄《えんずい》の中で交差し、右脳は左半身、左脳は右半身を司るようになっている。

前歯や脳梁《のうりょう》はそれぞれ左右の歯、右脳、左脳をつなぐもの、いわゆる陰と陽とを結合する役割を果たすものだ。

顔の中で鼻や耳のように、縦長で上に伸びているものは陰性なので、動かすことができない。そして目や口、眉毛のように横に伸びているものは陽性である。これは自由に動かすことができる。

陰性の鼻の中でも、鼻の穴は横に二つ付いているので陽性。縦に伸びた鼻筋は動かせなくても、鼻の穴だけは動かせるのはそのためだ。

陰陽論とともに宇宙の構成要素を表す五行論、この中にも陰陽の法則を見ることができる。**人体の生理機能の説明では、物質としてとらえたとき、これを陰と定義し、機能からとらえると陽になる。**そして、この人体の機能と物質の関係は陰陽依存、消長の関係にあてはめることができる。

物質としての人体が存在しても、それが機能していなかったら人としての生命はない。つまり陰と陽は分離した状態では存在できないということである。

また、古くからの文献には、**「陰か陽のどちらかが旺盛になりすぎると陰と陽は対立できずに離れ、精神が人体から離れて死に至る」**と書かれている。

だから**人が健康に生きていくためには、からだ全体においての陰陽のバランスを保つことが何よりも重要**なのである。

人体の病理変化では、内外、表裏、上下、また部分、物質として機能の相対的な陰陽の協調関係が保たれているとき、正常な生理活動が維持されている。健康でいることができるということだ。

疾病の陰陽を見分けて偏盛と偏衰を知る

陰と陽の協調関係が乱れると、疾病の原因を生み、病気を発生させ、ある経過をたどる。

疾病診断への応用では、疾病の発生と原因は陰陽失調と考え、疾病の診断（臨床弁証）にはまず、疾病の陰陽を見分けるのである。

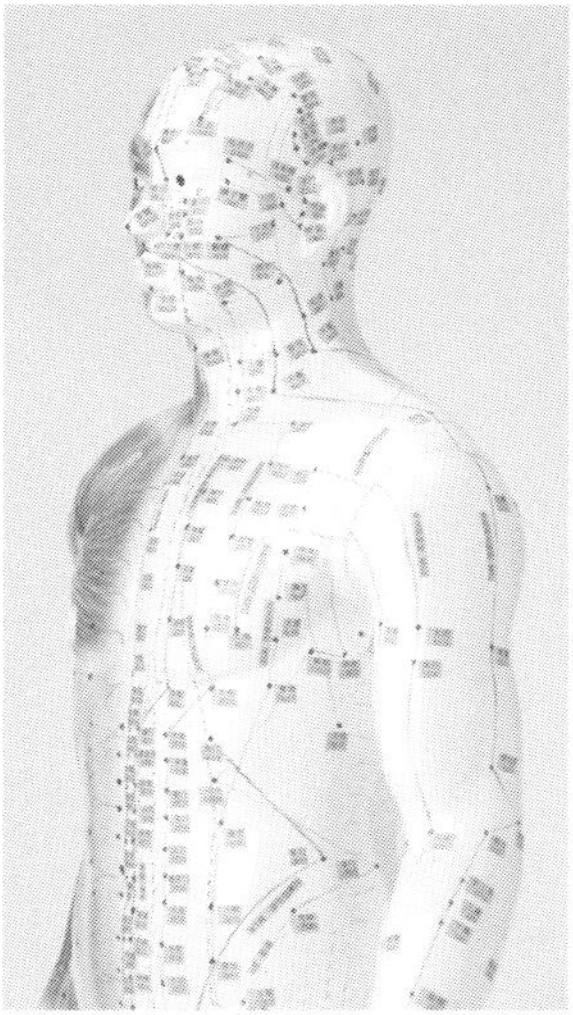
中医学と経絡図

中医学では『四診《ししん》』によって、疾病の陰陽を判断することができる。

疾病の治療では、疾病は陰陽のどちらかに偏ったために起こるわけだから、陰陽どちらかが強すぎる（偏盛）場合、強すぎる部分を取り去り、どちらかが弱すぎる（偏衰）場合には、反対にその足りない部分を補うという方法をとる。

陰陽の区別が、少し複雑で難しく、頭の整理ができない、という方もいるかもしれないが、陰陽五行を東洋医学からの考え方で学ぶためには大切なポイントである。

生体リズムの基本は自然と調和する生き方

中国４０００年の歴史に根ざす中医学、漢方、その根幹をなす思想にはまず「自然との調和」がある。中国のすべての医術はこれに尽きると言ってもよい。

早朝の公園では老人を中心に大勢の人が集まり、思い思いに太極拳や気功などで健康づくりを楽しんでいる。

2007年4月、久しぶりに中国から来日した温家宝《おんかほう》首相（当時）は、早朝、滞在する東京において、代々木公園で民衆とともに太極拳を楽しみ、体力づくりをアピールした。アメリカのビル・クリントン大統領（当時）も来日時、早朝のジョギングで汗を流した。洋の東西を問わず、超多忙を極める要人であっても、一日のスタートとなる朝の日課に、必ず自分流の健康法を取り入れ、実践している姿は大いに注目に値する。

太極拳や気功の場合、「樹木があり水がある」という環境の場所が好まれる。**大地から育った樹木や草花は陰で、水も陰である。**

ゆっくりと手や腕を回し、からだを動かし、自然を呼吸し、陰の環境に同化していく。

中国の食の団らんには大きな声で話し合う姿が目撃される。薬食同源というように、食は薬であり医である。すなわち健康の基盤である。

一家団らんの中に笑いがあり、やがて太陽の日没とともに眠りにつく。

それは、現代人にとって忘れかけている、生活の陰陽のリズムの理想であり、最も自然と調和する生き方であろう。

多くの人たちが今、失いかけている健康生活のリズムの基本が、いまだ中国の一部には残っていることに気づくであろう。

中国の健康法は陰陽のバランスをとること

気功や漢方は、すべて陰陽のバランスをとることを極意としている。

中国にはさまざまな種類の漢方薬がある。食事にはその漢方薬の材料を使った薬膳料理がおめみえする。その人ごと、それぞれの熱寒の「証《しょう》」に合わせた材料が用意される。

さらに日常の食事では、四季折々の魚介類、野菜、果実などがテーブルにのぼり、時季にあった食べ物を食べる。

また健康増進や病気の治療には鍼《はり》やお灸が使われる。身体のツボを刺激し、全身に張り巡らされた経絡から五臓六腑へ作用させ、全身の免疫力を高める。

このように**中国の長い歴史に育まれてきた健康法は、太陽と自然と生活のリズムを陰陽のバランスに合わせ、五行思想に調和させる生活習慣を大事にしている**ともいえるであろう。

まさに東洋の考え方は、思想だけでなく実生活に根づき、自然エネルギーを見事に、現実の生活の場に脈々と活かし続けているのである。

気功は「呼」と「吸」の健康法

最近、西洋医学に代わって、東洋医学など伝統医療などに傾注する人も多い。これら代替医療は、自然の中でからだバランスを調整することを基本とする志向の高まりといえる。

気功は古くから人々の関心の的であり、毎日、実践に励んでいる人たちも大勢いる。その気功であるが、その基本となる思想の背景、実践の手法は、自然界の陰陽の基本を忠実に実践した健康法である。

その中心は「呼吸」の重視であり、すなわち「呼」と「吸」の2作用である。気功による気の導入は呼吸法にほかならない。自然界の活力エネルギーである空気を、有効にからだに取り入れることができるか否かで、からだの健康状態は左右される。

中国の健康法には〝三調《さんちょう》〟(調身《ちょうしん》、調息《ちょうそく》、調心《ちょうしん》)というのがあり、中でも調息は正しい呼吸法の実践を意味している。

いうまでもなく空気中には、正と負に荷電した細かな微粒子が存在している。また気功の**鍛錬《たんれん》の場となる広場には、陰の場で重要な要素となる樹木と水、そして早朝の日の出とども**

に増加する自然界の負イオンがみなぎっている。

大気中の微粒子イオンは、太陽や月の周期と密接に関係していて、太陽が昇る夜明けに負イオンが多くなり、昼・夜には正イオンが多くなるということがわかっている。ある意味で**正負イオンにも太陽系の運行、日周性という陰陽の法則が関係する**のである。

実は、これらの空気イオン濃度分布の日周性の変動を見ると、人間の一日の大脳活動を示す脳波変化に非常によく似ている。

太陽が東の空に姿を現す頃、大気中にはすがすがしい負イオンが満ちていて、私たちはその負イオンを吸いながら新しい一日の活動を開始する。

負のイオンエネルギーに満ちあふれた、爽《さわ》やかな気分で一日が始まれば、その日の仕事も活動も気持ちよくスムーズにこなせるというものだ。

人間が日の出とともに起床することの大切さは、こういうところにもあったわけである。つまり、人間がもっている覚醒＝睡眠サイクルという日周性の波動は、私たちにとって非常に大切なものであると同時に、実に理にかなったものでもあったのである。

朝の空気を胸いっぱいに吸い込み、からだを鍛える東洋の知恵と実践は、いわば現代の新しい正負陰陽の健康的な実践方法であり、その理念の正しさは、歴史的な説得力をもって証明されている。

気とは何か？——天と地を行き交う微粒子

さて〈気〉という言葉であるが、大変、深く広い概念を含んでいる。文献には、**気とは「植物、動物、人間、自然そして大宇宙そのものを存在せしめている根源的エネルギーである。そして森羅万象の運動と生命活動のすべて、陰の気に支えられ、大きな影響を受けている」**と述べられている。

また気の実体とはいったい何なのであろうか。まず気の字の成りたちとその意味を紹介しよう。

古代中国3000～4000年の歴史の中で記された文献によると、**気とは**そもそも**「雲ないし雲となる気体のこと」**と記載されている。地上から天上へとゆらめきながら上昇していく陽炎《かげろう》のように、天と地を行き交う微粒子である。伝来する**東洋的な概念では、昔から「気とは雲のこと」**と明解に記されている。

これは正負と陰陽の小物質、荷電粒子イオンの存在にほかならない。驚くべき記述ではないか。

気象学や大気電気学からいうと、雲の中には、地上から上気した細かな水蒸気が結合して、雹《ひょう》や霰《あられ》となり、それぞれが相互に衝突し、摩擦し合う際にできる高い静電気がある。つまり正負の荷電イオンが豊富に存在している。

昔から雷（稲妻）の研究、たとえば〈大気電気学〉では、雲に生成する電荷の正と負の微粒子イオンが、三次元的に分布した状態が示されている。これは気とイオンの関係を知るうえで、とても面白い図式である。

空と気のエネルギー

「気とイオン」は非常に共通点が多いことに気づかれることだろう。**イオンは空気、空《くう》という中の気のエネルギーである**とも言えるのだ。

空は、仏教の悟りの究極である。「空」の哲学、「気」の哲学がある。

「空」という何も見えない空間に、「気」というエネルギーが存在する。気の形を変えたものが風（空気）であり、雲を呼び、雨を招くもの、それが風のことであり、天地の気が合して風を生じるとも東洋の考え方では述べられている。

空気は静かな状態では何も生まれない。しかし空気は動いて「風」になる。そこで初めてエネルギーをもつ。これを風力といい、風神力という言葉もあり、空気力とはいわない。
空気の力は、気の圧力だ。これを気圧という。高と低の気圧の変化は、さまざまな気象条件を生む。あるときは大きな被害をもたらす低気圧の台風になり、あるときは高気圧が張り巡らされて長閑《のどか》な秋晴れとなる。高気圧と低気圧で、私たちの健康も左右されるのだ。

「気は動いて風をもたらす」とは、私たちの人生も同じに見える。

安穏な静けさだけを求める人生にはあまり波風は起こらない。ところが、何か人生の崇高な使命や目標を持って動くところに抵抗や摩擦は発生する。

しかしそれが物を変化させるエネルギー、つまり人が磨かれ、成長する糧《かて》になることがある。空気も人生も動いて初めてエネルギーになる。

そして空気中の気は、著しく変化の激しい状態をもって、場のエネルギーが存在している。

東洋の考えは、人体を小宇宙と考え、そして、小宇宙が大宇宙と調和して流転することを述べ、大宇宙流転の法則がそのまま小宇宙にも当てはまることを説いている。

天地自然の場にも気（広義の気）は存在しており、一人の人間の生命活動を担っているのもまた気（狭義の気）である。

天の気、人の気、それぞれ気は正負と陰陽でつながっているのである。

これは生命陰陽論の基本の原理であろう。

これは東洋的な陰と陽にただちに置き換えられるものではないが、その基本的な考え方として意味がある。

中国の古典、朱子学に記された気とは

気と正負・陰陽の物質との関係をより明らかにしたものとして、中国の朱子（１１３０～１２００年）の論がある。

朱子は、朱熹《しゅき》とも呼ばれ、中国の思想家である。朱子は**新しい儒学、理気説を基本に倫理学・政治学・宇宙論にまで及ぶ体系的な哲学を完成させた。これは、仏教や道教に触発されながら体系化した**もので後世に大きな影響を与えた。日本では江戸幕府から官学として保護された。

朱子（1130～1200年）

近代日本における学問思想の形成に寄与した人物の一人、慶應義塾大学の創立者の福沢諭吉は、朱子が説いた「窮理《きゅうり》学《がく》」を現代の物理学に発展させた。**朱子は、科学の理を追究する物理学にも、また社会や人心の幸福につながる哲学にも**

造詣が深かった。

とくに朱子は、私が深く尊敬する理と徳をもった人物の一人である。

朱子が著した朱子学では、**「気は空気と同じように、目で見ることのできない気体であり、理（太極、宇宙の最高の原理、万物の基本）から生じたもので、対照的な性格をもつ陰と陽の二つの気がある。……また陰は陽に、陽は陰に、それぞれ転化することを指摘し、陰中の陽、陽中の陰」という表現をしている。**

これは驚くことにまさに現代物理学の基本である原子核（陽）と電子（陰）を構成する素粒子の特質を意味するものである。

天地の大宇宙と小宇宙をつくる私たちのからだも、物質はすべて原子からなり、原子核および電子軌道の配列と構造変化にその運命を委ねている。

さらに空気中の正や負のイオンの存在が陰陽という言葉で、しかもこの時代にすでに認識されていたとは、ただただ驚嘆に値するばかりである。この発見は当然ノーベル賞級の、否ノーベル賞を超える価値ある理論といっても過言ではない。

その発見が儒教や道教、仏教などに基づく中国人の宇宙や自然への、長年の観察と洞察に依っていることはいうまでもない。

そしてもう一つの驚きは正負・陰陽の物質でいう認識が、古代の中国ですでにあったことばかりでない。そもそも電気の**微粒子イオンの語源が、古代ギリシャ神話にあったということだ。**

イオンとは、その語源をたどると、ギリシャ神話に出てくる神のことで、〝さまよえる〟〝さすらう旅人〟のことを示す。それら二つを考え合わせても、**微粒子イオンを起源とする宇宙観、自然観は国を越え、歴史を越え、人種を越え、宗教を越えている。深い、古《いにしえ》の結びつき**があることに、ただただ感嘆するばかりである。

新しい陰陽論の国際的な融合化である。

修行の場にはイオンが集まる「気場」がある

さてここではさらに、気の実際的な「場」について学んでみよう。

正負・陰陽エネルギーの場、それは地球上のあらゆるところに存在する。自然の中で滝のように、気が集まるという「気場」も、地形によって異なるエネルギーを持っている。

気功の訓練の場所もその環境である「場」が大事である。

大気の正負イオンは、気の場と密接な関係がある。それは気の高いところは同時に、自然

自然界に漂う陰陽イオン

滝の周囲には飛翔末による微細な水分子、負に帯電した荷電粒子が多く漂っている

滝にはイオンが集まる

界の大気の電場が高いことが明らかになってきたからだ。

仏教の悟りに滝の負イオンは欠かせなかった。

古くから伝わる仏教鍛錬の場では、山岳地の狭い山道を歩き、あるときは滝の荒行の飛沫《しぶき》の中で、修行が行われてきた。修行僧は悟りの心地よいエネルギーの場を知っていた。

森の滝の周辺には爽やかな空気が漂っている。流れ落ちる水の飛沫には、なぜか人の心を安穏にする雰囲気がある。その理由は、そこに負に帯電したイオンの微粒子が存在するからだ。

滝は昔から「霊場」「気場」と呼ばれ、その名前を名所や地名にした場所も多い。では、仏教ではなぜ　滝を悟りの鍛錬の場として選んだのだろうか？　それは修行を積んだ高僧がエネルギーの場として覚知し、悟ったに違いない。

エネルギーの場といえば、科学の眼で見れば負イオンの電場である。

私がイオン濃度計測器で計測したところ、滝の周辺には12000／cc～30000／ccの負イオンが漂っていることを確認した。

自然界の滝が生み出している不可思議なエネルギー、それが強い電場を作り出す負イオンの存在だった。

また滝の落下で生じる衝撃波の波動も、精神の安定に大きく作用している。これはからだ全体に刺激として伝わる水波動の衝撃と、耳から伝わる水面を打つ滝の波動が、精神の安定や統一に効果があるためだ。

また森には、植物と太陽の光合成によって作られる新鮮な酸素と、樹木から揮発されるフィトンチッドという殺菌性のある香りが漂っている。檜《ひのき》やヒバの樹木の表皮からは、特別に揮発される香り物質により虫が寄りつかない。これは森の香り、緑の香り、あるいはαピネン、ヒノキチオールの名称で知られている。

南米の奥深いジャングルの中にある滝には、周囲から野生の猿が集まり、彼らが木のつるにつかまりながら歓声をあげ、毛を逆立たせて悦楽にふける光景が観察されている。

野生の動物たちは、すでに人間が忘れかけている自然界の優れたエネルギーに影響を受け、高い感性と調和の能力を、いまだに体得していると言ってもよいだろう。

滝に限らず噴水、川の渓流や波打ち際の海岸も同じである。そのようなところには自然と動物たちも集まってくる。

滝周囲の木々のこずえ、噴水の周りにはよく小鳥が楽しそうに飛び回っている。

一方、ヨーロッパの国々の市街地の中心部では、水が豊富にほとばしる噴水が目に入る。広々とした芝生の公園がある。

自然の「気場」で生み出される癒し

近くには教会のドームもあり、そこはかつて戦場で傷ついた兵士の癒しの場であった。噴水から噴出する水の飛沫は爽やかな清涼感を漂わせている。その周囲には平和のシンボルである鳩が飛び交い、今では、市民にとって心身ともにリラックスさせてくれる、憩いの場となっている。

滝の周波数は、1／fノイズと呼ばれる「自然のゆらぎ」。この「ゆらぎ」の効果は、リラクゼーションや医学の分野でも幅広く活用されているが、これに負イオンの効果を組み合わせることで、より大きな健康効果が期待できる。

負イオン化された空気の分子は、呼吸だけでなく、皮膚からもからだ全体に染み入るよう

に吸収することができる。つまり、波動音に空気浴をプラスすることで、より健康的な心身のリラックス効果が得られるのである。

滝が生み出す荘厳な自然のオーケストラが、耳からも、皮膚からも、からだ全体からも感じられ、滝のそばにいるだけで、爽快かつリフレッシュした気持ちになるのは、私だけではないだろう。

早朝の木立の中、**滝で身を清めながら精神を統一し、無心に呪文を唱えるその様は、まさに正負・陰陽の法則の中で修行を積んだ**といってもよい。

高僧たちは、イオン測定器などなかった時代に、**研ぎすまされた感性でその効果を覚知していた**のである。

また、中国湖北省の中心都市、武漢《ぶかん》の近くに蓮花山という場所がある。ここは気のよく集まる「気場」と呼ばれ、不治の病が治ることで知られ、世界中から治療のために患者が来訪する。

この場所は地質学的には、地下に二本の大きな断層が走っている。地磁気エネルギーなどの観測結果でも、ほかの場所とは地層が異なっていることが確かめられている。

断層は両側から巨大な力がぶつかり合い、つり合っているところで大きなエネルギーが蓄積している。このような場所では地表からの正負電場の電離が大きいのである。**岩石、鉱物にはいろいろな金属、非金属類が多く含まれ、常に電気エネルギーが蓄積している。たとえば水晶など、電気石の多くは大きな圧力を両端に加えることで、圧電効果により電離した電磁波が放出する**ことはよく知られていることだ。

現実的に、地震の起こる前触れには、地殻の揺れにともない強大な起電力が生じ、空間に放出される放射線量の時間変化が観察されている。

地震前に大気中のラドン濃度が上昇

2007年1月16日の毎日新聞によれば、

「放射線医学総合研究所（千葉市）と神戸薬科大（神戸市東灘区）などは16日、阪神・淡路大震災（95年1月17日）前に震源地近くで大気中のラドン濃度が異常に上昇していたとする分析結果を発表した。特殊なモデルにあてはめると、発生日を17日前後と予測することにも成功しており、今後の地震予知研究につなげたいという。

地震の前に、地下水や大気のラドン濃度が上昇したという報告はこれまでにもあり、地震との関係が研究されてきた。

大震災の震源地周辺は放射性物質のラジウムやラドンを多く含む花こう岩地帯。震源地から25キロ北東に位置する神戸薬科大では、自然放射線監視のため、構内で大気中のラドン濃度を84年1月から常時観測していた。

研究グループはこのデータを分析。93年12月までの９年間の平年値と、震災前のデータを比べると、94年９月ごろから、ラドン濃度が上昇し始め、同12月以降には平年の２倍以上に達した。

さらに、94年９月から12月までのデータを、地震発生までのエネルギーの状態を表すモデルにあてはめると、翌年の１月13～27日にエネルギーが解放されるという結果が出て、実際に地震が起こった17日が含まれていることが確かめられた。グループでは、大地震の前に起こる微少な地震活動などにより、岩石中にわずかな割れ目ができ、ここからラドンが放出されたと推論している」

大地震では稲妻が光り、轟音《ごうおん》が響き、空はピンク色に染まり、動物の奇怪な叫び声、見慣れない深海魚の浮上、ねずみ、鳥、なまずなどの異常行動、さらに樹木からは生体電流の異常な波形が観察される。これらの変化は、つまり自然界の異常な放射線発生の現れであり、正負の微粒子イオンの乱れなのである。

光る町と女神が宿る山の謎

ところで鉱石にまつわる興味深い話題がある。

水晶の原産国である南米ブラジルに「光る町」と呼ばれる町がある。その土地では昼夜を問わず、ある瞬間に町全体が明るく光る現象が起きるというのだ。ひんぱんにこの光景を目にするため、この現象を知らない町民はいない。

では、なぜこのような現象が、この町で起きるのだろうか。

雷でもないし、町の灯りでもない、いったいこの光の正体は何なのだろう——。町の人たちも長い間不思議に思っていたそうだ。

実は、この町の光る現象の究明のテレビ番組に私が加わることになり、その結果が放映された。

この地の地質調査を行ったところ、町全体の地下にあたる地核の深層に、大きな水晶鉱脈が通っていた。

そしてこの光の正体は、地下の水晶鉱脈の石に突発的な強い圧力が加わることで「圧電効果」（詳しくは後述）が生じて起こった現象だと考えられた。

鉱脈内の水晶から発生した電気エネルギーが、一気に放出され、空気中や雲のイオンに向かって放電したのではないだろうかと。

ところで私は、わが国にも、これに似た場所があることを発見した。

群馬県の北東部に、「群馬長石御座入鉱山」と呼ばれている鉱山がある。この鉱山には、白亜紀末期から古第三紀の貫入《かんにゅう》（地下の深いところでできたマグマが地表近くに上昇する現象）と考えられる花崗岩《かこうがん》があり、含水ケイ酸アルミニウムを主成分とした長石《ちょうせき》が産出される。

そこは、昔から地元では〝女神が宿る山〟と呼ばれていたという。

近くには活断層があって、その場所はかつて水晶や石英《せきえい》の採掘場で、昔、地主は、国内大手ガラスメーカに原材料を納めていたという。

地名は〝御座入《みざのり》〟と呼ばれ、御座とはいうまでもなく神様の住んでいる「御座門」という深い意味がある。昔から十二様という女神が住む山で、それは長い黒髪の美しい女性だという。十二様は1年に12人の子どもが授かるという、女性の守護神でもあり、また山の安全を守る神様だった。昔から神聖な場所として崇拝されてきた。

そしてやはりこの地にも、古くから語り継がれている伝説があった。

その伝説とは、夜や夕暮れ時、山の頂《いただき》が光る現象だ。それは多くの地元の村人たちに目撃されていた。その光芒《こうぼう》が射す光景は、まさに神が山に下りてきたような、それはそれは神聖なものだったという。

また、鉱山に自然にできた水飲み場では、傷を負ったイノシシや鹿などの獣たちが、山から下りてきて水を飲み、体を癒す姿が目撃されていた。

これはブラジルの光る町における、地下を走る水晶鉱脈の光と同じ現象で、なんと、わが国でも同様の現象が起きていたことになる。

さらに面白いことに、この鉱山には、「赤」や「白」と呼ばれる石の種類があり、それらの石をつぶさに分析してみると、個々に優れた石の機能性が判明されたのである。

この特殊な機能性は、環境分野をはじめ、健康や医療、美容、食品といった産業分野にも幅広く応用できる可能性を秘めている。

たとえば、その石の機能性は、

①鉱石のパウダーを振動させると、結晶の表面から、大量の負イオンが放出されている。
②遠赤外線の放射率が極めて高い。
③水のＯＲＰ（酸化還元電位）値を下げる。
④界面活性力があり、油汚れが落ちやすい、栄養素の浸透率を高める。

⑤活性酸素消去能力が、水道水に比べて、約50％高い。などの試験結果が得られているという。

現在、その機能性は、化粧品や、あるいは油の酸化防止の製油食品業界、電気炊飯器の内鍋にコーティング処理されるなどにより製品化されている。

現代人の健康と美容をサポートし、さらによりよい環境作りのために、このような地球に眠る神秘的な石の活用が今後ますます期待されるところである。

健康のツボは陰から

ところでからだの中にも電気を発する源がある。

からだのある部分を刺激したり、鍼灸師が鍼でツボを刺激すると、金属と生体の間には、正負の微弱な電気が流れる。微粒子イオンが流れるわけである。

その刺激の波が、からだのツボから経絡を伝わり、体内の奥深く、五臓六腑に電信するわけである。それは学説的には、「生体皮膚電気反射」と呼ばれている。

生体の細胞組織の、電気抵抗値が低い場所、つまり「陰」のところほど電気が流れやすく、これが通称「ツボ」に位置することは、よく知られている。

電気刺激によって、荷電微粒子のイオンが細胞の中に入ったり、出たり、あるいは間質液《かんしつえき》の中を流れる。

気は解剖学的には見えないが、そこには低電位の体液があり、電解質があると察することができる。

つまり細胞膜や間質液で、荷電微粒子のイオンが、細胞膜内外の電位バランスや、化学的な濃度勾配を調整しているメカニズムを東洋医学の気の観点からあてはめ、考察してみるのも決して無駄ではないだろう。それは「気の健康法」の根本を明示しているからである。

自然の植物の力を活用して病気を治す時代

古来、人々は、自然の植物の力を活用して病気を治したり、栄養源にしたり、日々の営みに役立ててきた。

古代中国や日本では、それを漢方薬にして煎じ、また西洋的にはハーブ療法として発展してきた。

中には毒のある植物もあり、薬になる植物もある。それをどのように見分けたのだろう。薬用植物を探し出す力は自然を観察し、洞察することが必要に違いないが、何より自然と調和した生活様式が、直感的にそれを教えてくれたことは確かだ。

中国医学、アーユルヴェーダ医学、ユナニ医学（後述）など、東洋医学で利用されている有用植物の探索調査は面白い。

中国やインドに限らず、アフリカ、東南アジアなど世界各地では、いまだ伝承的に利用されている薬用植物が多くある。

また、日本の食薬区分では、食品リストにありながら利用されていない植物、まだあまり知られていない有用植物などの数も多い。まだまだ自然の植物、果物、樹木は充分活用できる。

これからは自然の植物、穀物、果実など陰の力を活用して病気を治す時代である。

食べ物にも陰陽がある――マクロビオティックとは

食の陰陽を考えて、生命を見つめようと言うのが、マクロビオティックの基本的な考え方である。

マクロビオティックとはMacrobiotique（＝フランス語）。英語ではマクロバイオティクス＝Macrobioticsというマクロ＋バイオ＋ティック（テクニック）の合成語で、長寿食、食養料理、自然食（無農薬の穀物・野菜中心の食事）と解釈され、辞書によると「（禅式）

食餌長寿法《「陰」の食品（玄米・野菜・果物など）と「陽」の食品（肉類・卵等）を5対1の割合で組み合わせた禅式食餌による長寿法》」と説明されている。

この考え方は、新しい陰陽論に基づいた、新しい食事学の気づきである。

三省堂『デイリー 新語辞典』では、さらに詳しく説明されている。

「陰陽の原理を取り入れた自然食中心の食生活に基づく長寿法の一種で、自然との調和を食の観点から捉え、陰陽に基づくバランスを重視し，その土地の旬の穀物や野菜を主食材とする食事法の実践により心身の健康の獲得をめざす。

マクロビオティックとは、『大いなる生命』という意味のギリシャ語を語源とする言葉で、古くから提唱されてきた長寿法で，肉食を中心とした食生活の見直しにより1970年代に欧米で広がった」

現在の内容の基礎は、日本人の桜沢如一《ゆきかず》（1893〜1966年、思想家・食文化研究家）が築いたと言われている。また、アメリカで活躍し、新しい道を拓いた久司道夫らも知られている。

桜沢は、「陰陽にかなった食事を始めると赤血球に変化が起こり、最初はからだの好調さに喜ぶが、人によっては体調が悪化する場合もある」とする。

「細胞間にある体液は変化しやすい流動的なものであるが、細胞そのものは旧態を維持しようとする力が強いからである。それは保守的な老人と、柔軟で急進的青年との摩擦に似たようなもので、人はそのような時に疑いや迷いが生じるものである。しかし冷静に無限宇宙が生み出す創造のすべてを考えてみればよいのである。

無限界の神の世界から、陰陽の二つのエネルギーが生まれ、素粒子、元素、植物、動物となるスパイラルの中心にいるのが私たちであり、連続的なつながりの中にいるのである。

言いかえれば、闇の世界の無から、光、空気、水、穀物、野菜、海藻、豆類、木の実、魚類、果実、塩、動物の順序を認識して、これに準じて食事をすればよいのである」

と説いている。

「宇宙にある見えない世界の無限界（陰）と、見える世界の有限界（陽）のつながりをはっきりと見定めて調和をとりながらすべてを受け入れ、深い慈悲の心を持って精神界に生きることである」と。

彼の残した書籍は多い。中でも『魔法のメガネ』『無双原理・易』『新食養療法』『宇宙の秩序』『健康の七大条件』などは、今の時代でも興味の湧くテーマだ。

注目を浴びる炭の活用

〝炭〟も古代から伝わる謎多い元素の一つである。

青森の三内丸山《さんないまるやま》遺跡。その櫓《やぐら》の支柱の土台は、火で焼かれることで、腐敗が防がれ、長年の住居の姿を保っている。

奈良・東大寺の正倉院《しょうそういん》の地下に保管される古文書の周囲は炭が埋め込まれている。ウイスキーを醸造する酒樽の内側も、高熱の火であぶることで、酒のまろやかさを高め、同時に貯蔵期間を高めている。

その秘められたパワーは限りない。

ところでその炭に、いま熱い視線が集まっている。

〝炭〟は古くから燃料として使われ、調理用や暖房用として日本人の生活に欠かせないものとして親しまれてきた。

しかし、その炭がわたしたちの健康を助けるさまざまな作用を持ち、医薬品としても使われていることはあまり知られていない。

炭がからだを内から温めてくれる、遠外線効果を持っていることは一般に知られているが、ほかにも炭はさまざまな効能を持っている。たとえば湿気を調節してくれる調湿作用、冷蔵庫などの不快な匂いを消してくれる消臭作用、虫の近づくのを防ぐ防虫作用などで、中でも注目されているのが吸着作用である。

炭は物質を吸着する吸着作用を持っている。

炭の原料である草木類の内部には、根から幹や枝葉に水分や栄養を送るための道管という管が無数に走っている。いわば植物の血管ともいえるものだ。

草木類を焼いて炭を作ると、その管の跡であるミクロの孔《あな》が無数に残る。この無数の孔が炭の吸着作用の秘密なのだ。孔の多い構造を「多孔質」というが、炭はこの多孔質の中にさまざまな物質を吸い込んで閉じ込める作用を持っている。

無数に空いた炭の孔の内部の表面積は、1gあたり約300㎡（約180畳）もあって、大変な量の物質を吸い込み、閉じ込めることができる。

人間の体内には健康を損なう、さまざまな有害物質が入り込んでいるが、炭はこうした有害物質を強力な吸着作用で内部に吸い込み、便とともに体外に排出させることでわたしたちの健康を守っている。

また、強力な吸着作用を持つ炭は、わたしたちの健康を助ける医薬品としても使われている。

医薬品として使われる炭の代表が「薬用炭」と呼ばれる活性炭だ。

薬用炭は、消化不良や便秘などで、腸内に滞留した消化物から発生した有害物質やガスを吸着して、便とともに体外に排出し、腸内環境を整えるために、下痢止めや整腸剤として使われている。さらに最近では、炭は、ダイエット、糖質制御といった分野で、その有用性が研究されている。

このようにユニークな効果を秘める炭は、とくに健康、美容の分野で期待されている。

ユナニ医学とは何か？

世界四大医学には、インド医学、中国医学、チベット医学、ユナニ医学がある。

ユナニ医学については、ほとんど聞いたことがないという人が多いのではないだろうか。

このユナニ医学も世界四大医学の一つである。

ユナニとはユナニティブの意味で、通称、アラブの社会で培われた伝統療法のことであり、「新陳代謝による老廃物の排泄《はいせつ》が健康につながる」という考えが基本にある。

つまり古代ギリシャから伝えられ、エジプト医学、インド医学・アーユルヴェーダの影響を受けながらイスラム文化で体系化されたものといえる。それぞれの異文化の伝統の医術が複雑に絡み合いながら確立された医療である。

ユナニ医学の特徴の一つには、科学薬品や薬の抽出方法を確立していることがある。この技術は、現在の西洋医学の薬品医学にも多大な影響を及ぼしていると考えられる。

ユナニ医学の理論の根本には、ギリシャ医学の体液理論が多く影響を与えていて、自然界を構成する４つの元素（風、火、水、地）が人体内にも同じようにあり、各元素が４種類の体液（血液、粘液、黄胆汁《おうたんじゅう》、黒《こく》胆汁）と対応していると考えている。

それら**体液や元素には、４種類の気質（熱、冷、湿、乾）があると定義している。**体内における気質や体液のバランスが崩れ、老廃物が蓄積することで病気が発生するという考え方である。

これは中国医学の「陰陽五行論」にも通ずるところがあると思われる人も多いだろう。ただ五行論は「木・火・土・金・水」で、伝統医学に共通して言えるのは、すべて健康は何らかのバランスが保たれている状態で、そのバランスが崩れたときに、病気の状態になるという理論であり、この点はすべて同じである。

しかし、このユナニ医学には特徴的なところがもう一点あり、**体内の体液のバランスをと**

るには、体液を作り出すもの、つまり食事に重点を置いているのである。また運動やマッサージ、さらに女性の美容に、古代植物を活用しているのもユナニ医学の特徴である。

ペルシャ伝承の文献では、ペルシャザクロ種子エキスは「生命の果実」として古代より親しまれている。美しさを求める女性が食する果実として有名だ。

またウィザニアエキスは、インド西部に自生するナス科の植物「ウィザニア・ソムニフェラ（アシュワガンダ）」別名インド人参とも呼ばれ、その乾燥根は他のさまざまな植物と組み合わせて使用されている。

アムラエキスは、5000年前の文献に記載されている熱帯産の果物で、天然ビタミンCが大量に含まれている。

東南アジア・フィリピンが原産地のゴーヤは、共役《きょうやく》リノール酸が豊富で、ビタミンCはレモンの4倍、お茶で飲むことによりカリウムはなんと15倍になるらしい。

デーツはナツメヤシの実で、古代メソポタミア、ペルシャ（現イラン）地方原産の果実である。日本ではあまりなじみのない果実だが、その歴史は古く、紀元前4000年にさかのぼる。古代メソポタミア文明の時代から、天才と呼ばれる学者たちが、好んでデーツを食したとされ、デーツは遥《はる》か昔の時代より、古代ペルシャの宝物、ミラクルフルーツと呼ばれていた。

旧約聖書やコーランにも登場する果実のデーツは、聖母マリアがイエス・キリストを身ごもっていたとき、毎日欠かさず食べていたそうだ。

今でも中近東では、妊娠中の女性が毎日デーツを食べると、元気な子どもが生まれると言われて、常食されている。栄養価が高く、ミネラル豊富では健康維持に欠かせない果実である。

サプリメントなど、西洋医学的な趣向を主に取り入れてきた現代人には、すっかりご無沙汰の自然食品かもしれないが、**今こそ自然の植物の力を活用して、健康を維持し、病気を癒す時代が到来している**のである。

これも健康と美容の世界観を結ぶ、新しい陰陽論の応用である。

第2章

空気の中に秘められる正負の法則（火・風）

……神がつくった究極の微粒子

宇宙と自然の正負イオン

濃紺の夜空に広がる広大無辺の宇宙……。

満天下の星座からは、古《いにしえ》より神秘的な色合いの光が放たれている。

ときおり煌《きら》びやかに光る彗星が出現し、大きく弧を描きながらやがて消失する。その軌跡には流星の美しいイオンテール（テールとは尾のこと）と呼ばれる帯が描かれる。

青と白色で彩られた美しい球体は、私たちの住んでいる地球だ。この限りなく神秘に輝いた惑星は、これまで数十億年もの長い間、豊富な水と空気をたたえ、私たち人類をはじめとする動物、植物など数多くの生命《いのち》を生み、育ててきた。

そしてこの地球と同じく、限りなく謎に包まれた生命には数々のドラマがあった。

隕石《いんせき》の衝突、火山の噴火、そしてそれらを原因とする氷河期の訪れなど、地球上には大きな環境変化が何度も起こった。恐竜など多くの生物が滅亡すると同時に、また新たなる種が生まれた。

地球は、ここに棲む生命体がさまざまに形を変えながら、ずっとその生命を維持できる環境、バランスを保ち続けている。

オーロラは正と負に荷電した粒子の群

宇宙の創造、地球そして生命の起源、あらゆる時点にこれらの宇宙の大きな謎めいた神秘な力が発現してきた。

宇宙には真っ赤に燃え滾《たぎ》った太陽があり、水星、金星、そして地球、火星。木星、土星……。太陽に照らされた地球の表の半分は陽《よう》であり、陰《かげ》った裏の半分は陰《いん》である。

地球の北極圏を、太陽風によって作られたプラズマの赤いオーロラオーバルの環《わ》が覆う。その上空には劇場のカーテンのように赤や黄、青色などに彩られた幻想的で美しいオーロラが出現する。これは正と負に荷電した粒子の群だ。

地球上の大気の空気には、正負の電気を帯びた微粒子が存在している。それは通称「イオン」と呼ばれている。

中でも地球を取り巻く大気圏内に存在する空気イオンは、動物や植物などの生物群の進化と生命活動に大きな役割を果たしてきた。

空気中の正と負の２種のイオンは、一般に都会のような、車の往来や工場地帯の空気汚染が進む地域では正イオンが多く、渓流、山林部や滝の周囲など、自然の多い環境では負イオンが多いことが知られている。

　暑い真夏の空には入道雲ができ、薄暗い雰囲気とともに大粒の雨が降り出し、やがて雷の閃光《せんこう》と轟音《ごうおん》が響きわたる。多くの正負の荷電粒子が空気を一瞬にして電離化し、大空に遍《あまね》く飛び交っている。

　雲の上部・下部には、雹《ひょう》や霰《あられ》の氷結した塊《かたまり》がぶつかり合い、大きな電圧を持った正負の静電気を蓄電している。

　台風一過の秋晴れ、大雪が降り積もった早朝にも負イオンが多く、このような清浄な空気に人が接すると爽快感を強く感じる。

　正負ともに存在する空気だが、その**イオンの違いによる生理学的な効果では、正イオンは自律神経系の交感神経を刺激し、逆に負イオンは副交感神経を優位に働かせている。そのため負イオンはからだの疲労の軽減や早期回復、リラックス、呼吸機能の改善、免疫力の向上など病気の諸症状の快復に良い効果をもたらしている。**

　負と言っても決して負でない理由がそこにある。

古くから行われていた空気イオン研究

大気中の空気イオンの研究は、１７５０年代のフランクリンの雷の研究からスタートするが、１９００年代に入り、多くの研究者の興味の対象となった。とくにアメリカのカルフォルニア大学付属空気イオン研究所にいたＡ・クルーガーらが多くの研究業績を残している。

わが国でも戦前の１９３０年代に、膨大かつ体系だった医学研究が行われた。

社会的関心のうねりは、昭和10年代の戦前の第一の波から、昭和30年代の第2の波、そして今日の第3の波にいたる周期があり、その折々にイオンの効用を巡り熱心な論戦が展開されてきた経緯がある。

現在、イオン研究は多分野の研究者によって継続され、国内外の実績から推測するとすでに研究論文数も数百有余編を超え、研究の歴史も1世紀を経過した。

戦前の研究業績の第一といえば、わが国では北海道大学医学部の木村正一、谷口正弘両博士の功績をあげなければならない。両氏は、今のように物資が豊富でない戦前の貧困な社会状況下において、医学的見地から、著作『空気イオンの理論と実際』をまとめたのである。

この本は、太平洋戦争に至る軍事情報の収集競争が激しくなっていった当時、出版されたが、ソ連軍事戦略サイドの目にとまるものとなって、即没収されたという経緯がある。今ではわが国に4冊ほどしか存在していない。

当時ソ連では、軍事用潜水艦内で起こる疾病《しっぺい》と愁訴《しゅうそ》（苦しさを訴えること）にとくに関心を寄せていた。長い航路に出る艦内では、とくにエンジン室付近で作業する乗員が、吐き気や頭痛を訴える事例が多く報告され、その原因を突き止めることにやっきになっていたのである。

その結果、酸素濃度や二酸化炭素ではない、いわゆる空気イオンの質が疑われた。

わが国の、空気イオンの広範囲にわたる、貴重な研究実績にソ連は大きな関心を寄せたのである。

戦後、負イオン研究は、国の公的機関では旧通商産業省の電気試験所にて行われていたが、そのほか気象庁や大学研究室の研究者レベルでも行われてきた。

イオンという謎の物質

荷電微粒子のイオンは、電気的に正という性をもち、ある時は負という性をもっている。しかしいつもそばにいる、仲のいい夫婦のようである。しかも必ず合体し、中性を保つことを、神から余儀なくされている。

そもそも、人間の性も受精の際は、最初は中性である。あるとき神はある必然性から二つの性に分けることにした。男と女、つまりアダムとイブの伝説である。それ以来、男と女は互いに求め合い、性欲という生物の本能を授けられ、種の保存という本然的な命題を言い渡されたのである。

二つの異なるものが一つになるとき、また新たにそこから新種の物質が生まれる。

それは生物学的にも、物理学的、電気学的、化学的にもすべてあてはまる正負・陰陽の法則である。イオンもまた同じなのである。

二つの性質を生かしながら、その形態や働きをさまざまに変化させながら、自然界の必要に応じて、あちこち行き来しているのがイオンである。あるときは結合し、あるいは重合し、補完し合い、中性、中庸、中道の均衡《きんこう》をとっていくのが好ましい自然の摂理なのだろう。

神が作った究極の微粒子

正負の電気微粒子は宇宙の草創期ビックバンのときから存在していた。

宇宙の歴史から眺めると、同じ時期にエネルギー的には電磁波の電界や磁界が生まれ、そして光ができ、イオンが生成された。

水素も同じ時期につくられている。

宇宙を覆うガス帯の大海原には、細かな宇宙のくずや塵《ちり》が散らばり、広い銀河系には無数の星による大星雲が広がった。また、それらがお互いにぶつかり合い、合体し合い、長い年月をかけて、丸い惑星や彗星ができあがっていった。

その銀河系の片隅には、太陽を中心にした惑星が集合し、水星、金星そして地球、火星、木星、土星……などが誕生した。その地球はやがて原始大気に覆われることになる。

その大気には、最初、今日のような酸素はなく、数億年の年月を経て、やがて雲と海ができ、今日の大気酸素を含む空気ができたのである。生物は皮肉にもその酸素による酸化の敵と戦いながら見事に多くの生物を生み出し、その種族を維持し保存してきたのである。

さらに生物は、大気の微粒子の変動によって大きな影響を受けている。地球に氷河期をもたらし、恐竜などの生物が絶滅したのも、この微粒子が原因だった。

しかし微粒子は、そのような悪い出来事だけをもたらしたのではない。**やがて太陽の下、今日のように自然を育み、地球に緑と青い海原を完成させていったのも、ほかならぬ微粒子だった。電磁波、光子、イオン、そしてニュートリノなどの暗黒物質。この目に見えない宇**

宙で生まれた小さな微粒子の存在こそ、今日の地球を作り上げた神のごとき大きな役割を担ったイオンなのである。

原子と正負・陰陽の関係

物理学でいう**イオンとは、電荷をもつ原子または原子団（分子を含む）のことだ。**

これは専門的な解説を加えると、**中性の原子、または原子団が、１個または数個の電子を失うか、あるいは過剰に電子を得て生じるもので、このような過程でイオンになることを「イオン化」または「電離」と呼んでいる。**

あらためてイオンとは何か？　その基礎を知っておこう。

「イオン」には正と負があり、原子を構成する中心の原子核は、正の陽子と中性子から成り立ち、その周りの軌道を負の電子が回っている。その力の合計が、ファン・デル・ワースの力だ。つまりすべての質量のある物体の間に働く引力、万有引力である。電気的にはクーロンの力、あるいはイオン結合の力などとも言われている。

外郭軌道の電子の不足や補充で、酸化や還元の反応がもたらされている（第６章で詳述）。

電子不足の原子が正イオン、電子が充足した原子が負イオンというのが基本である。

イオンのもつ電気量は電気素量の整数（正または負）倍に等しく、この倍数（ふつうは絶対値）を「イオン価、イオンの価数」または「イオンの電価」という。

電解質の溶液中や、気体放電の際などに生成されるのは代表的な例だが、結晶や分子の中でも、電子が移動して、構成要素がイオンの形かイオン性を帯びた（電荷をもった）状態になっている場合がしばしばある。

電解質溶液の電気分解のときに、電極のほうに動くことから、M・ファラディという科学者が〝行く〟という意味のギリシャ語（ｉｏｎ）にちなんで「イオン」と命名し、さらにカソード（陰極）に向かう正電荷のイオンを「カチオン（陽イオン）」、アノード（陽極）に向かう負電荷のイオンを「アニオン（陰イオン）」と名づけた。

第４の物質がイオン

一般的にはイオンは、物質の究極である原子や原子団、および分子に帯電する正や負の電荷を帯びた極めて小さな微粒子を意味する。

ふつう**物質には固相、液相、気相の三相があるが、イオンはプラズマと同様、第４の状態のクラスターである。**

大気中では、大気成分が電離して電子と正初期イオンが発生する。その隙間《すきま》から種々の大気微量成分と反応して正・負の核イオンになる。核イオンはさらに水分子を含むほかの分子と結合して、クラスターイオンになる。これが一般的な解釈での大気イオンである。

ここで私流に、イオンとは何かを平易にまとめてみた。

〈イオンとは？〉

①宇宙や地球に存在する電荷をもった原子、原子団または分子をいう。

②空気や水などに浮遊、溶解する双極の電荷をもった微粒子である。

③機能性を有する第４の状態である——固体・液体・気体・イオン。

④プラス（正、陽、ポジティブ、カチオン）とマイナス（負、陰、ネガティブ、アニオン）などの呼び方がある。

⑤空気イオンには、大イオンと中イオン、小イオン、また重イオンと軽イオンがある。

⑥大気中の正イオンとは、地表近くでアンモニウムイオンになり、また水素イオン（H^+）が水和したオキソニウムイオン（H_3O^+）（H_2O）n である。

⑦負イオンとは酸素イオン、酸素核ラジカルイオン、ヒドロキシルイオンである。

⑧負イオンとは、地表近くの硝酸《しょうさん》イオン（NO_3^-）、このほかに炭酸核、硫酸核《しょうさんかく》などのイオンがある。

⑨負イオンとは、電子（e^-）である。

これまで自然界では正イオンは、主に水素イオン（H^+）が、水分子と結合してオキソニウムイオン（H_3O^+）になり、これに水分子が付着し水和したオキソニウムイオン（H_3O^+）（H_2O）n の形で大気中に存在していると理解されてきた。

一方、負イオンは酸素イオン（O_2^-）、炭酸イオン（CO_3^-）、硝酸イオン（NO_3^-）に、宇宙や放射線からの電子が水分子に付着、水和して安定するそれぞれの核イオンと、赤外線効果、電気分解で生成する OH^-（H_2O）n のヒドロキシルイオンの存在が古くから知られてきた。ほかに、CO_4^-（H_2O）n、$C_3H_3O_4^-$（H_2O）n、$CH_3SO_3^-$（H_2O）n なども候補にあがっている。

最近では地表面の負イオンは、主として硝酸イオンであり、正イオンはアンモニウムイオンであるという説もある。

また、人工的なコロナ放電や電子放射式、レナード方式などでは、O_2^-（H_2O）n の負イオンが生成されるが、大枠、酸素イオン、酸素核ラジカルイオン、ヒドロキシルイオンである

フィリップ・レーナルト博士

ことは一般に共通した認識である。

しかし、自然界で生成される空気イオンと、人工的な方式によって生成されるイオンの核種と作用機序が、共通であるという保証はどこにもない。さらに空気イオン以外の負イオンの認識として、電子（e^-）そのものというとらえ方もある。

先に出たレナード方式とは、１９０４年「電子管の陰極線研究」でノーベル物理学賞を受賞したドイツのフィリップ・レーナルト博士の発見である。

以前から水の破砕で生まれる帯電現象を観察し、その後、滝や噴水のように飛沫《ひまつ》の周りに発生する水分子の帯電現象を「レナード効果」（正式にはレーナルト効果・滝効果ともいう）と呼ぶようになった。

専門領域でのイオン認識の相違

イオンの理解はとても難しい。そもそも正イオン、負イオンと呼ばれたり、陰イオン、陽イオンと呼ばれたりする。その分野、領域での特有の呼び方があるからだ。その上、一口にイオンを説明しても、どこか舌足らずに終わり、納得が得られず、異論噴出ということになりかねない。

さまざまな異論反論があることを、甘んじて受け止め、英断してまとめてみよう。

イオンはさまざまな専門領域下で、いろいろなとらえ方がある。

一般に、空気イオンの場合は、次にあげる領域の⑥の大気電気学から解釈されることが多い。イオン理解の初歩の段階では、化学の水溶液や電解質の面から把握されていることが多い。

水和イオンでのとらえ方は、決して間違いではなく、本質的には空気や水のイオンも、生体イオンとの生命・エネルギー連鎖の中で存在しており、原子の視点では共通している。

〈それぞれの領域でのイオン解釈〉

①化学（溶解、水溶液、電解質、ミネラル）

②電気（電子の挙動、ダイオード、半導体、静電気、磁気）

③物理（原子構造、宇宙線、暗黒物質、素粒子、電磁波、固体物理）

④医学（生体イオン、電解質、生体微量元素、放射線ホルミシス）

⑤温泉気候学（温泉の陰陽イオン成分、森林浴、サウナ）

⑥大気電気学（雷の研究、エアロゾル、大気電場）
⑦地球惑星科学（オーロラ、太陽コロナ、プラズマ、海流、磁気嵐、彗星テール）

このように項目別に体系化してみると、意外と、〝難しい〟と思われがちなイオンの理解が進むであろう。

成果が上がるイオン応用研究——空気感染予防で期待が高まるイオン応用技術

最近のイオン応用研究は着実に成果が上がっている。

わが国の某家電メーカS社と東京大学での臨床研究では、イオン装置の使用により小児アトピー型の軽症および中症の喘息《ぜんそく》患者の気道炎症レベルが低減したことが実証されている。

また、同社はＷＨＯ（世界保健機関）、世界保健人材アライアンスのパートナーであるジョージア国立結核病院と共同で、結核病院において、専用イオン発生装置を用いて、医療従事者の結核感染リスク低減や結核患者の薬剤耐性獲得の予防に効果があることを、世界で初めて実証した。

これまでも「新型インフルエンザウイルス」や「薬剤耐性細菌」「ダニアレルゲン」など

の有害物質の作用抑制も報告されており、イオン応用技術が、今後の空気感染予防分野で、ますます大きな可能性があることを見出したのだ。

これまで空気や水のイオン応用にあっては、一時期において、見えないイオンへの懐疑的な意見、さらに逸脱した商品の効能表示に対し、行政上の規制などがあった。

ただ、空気や水、あるいは鉱石などの研究テーマは、今の科学にとって一部に未踏領域が含まれ、人類にとっても、とても重要なものであり、いたずらに規制の縛りを強めるのではなく、大きな期待感と包容力をもって見守っていくことが大切である。

イオンに秘められた謎の解明は、産業的にも大きなイノベーションの中核になる可能性を含んでいる。この分野の将来性を鑑《かんが》みると、大学など学問的視点から、健全でかつ自由闊達《かったつ》な応用研究を強く推進することを願わずにいられない。

逆に、このような微弱エネルギーの分野は、国が積極的に関わる必要がある。たとえば空気イオンや水の水素含有量の計測あるいは臨床試験の需要はますます高まって来ている。

第3章

地球と生命の正負を知る（地・水・火・風）

……生命は正負・陰陽の場でつくられた

地球は大地の女神

1979年、生物物理学者ジェームズ・ラブロックは、著書『地球生命圏―ガイアの科学』において、地球は、一つの有機生命体（ガイア）であると提唱した。

「ガイア」とは、ギリシャ語で「大地の女神」を意味する。女神は陰《いん》である。

地球は英語で「アース」という。やはり陰だ。これはギリシャ神話やローマ神話ではなく、ゲルマン語から由来している。

宇宙や地球は初め、天も地もはっきりしない混沌《こんとん》とした塊《かたまり》の状態であった。これをカオスと言う。

混沌の中から光に満ちた明るい気、すなわち陽《よう》の気が上昇して天（大気）となり、重く濁った暗黒の気、すなわち陰の気が下降して地（地球）となったと東洋思想では説かれている。

このカオスから大地の女神ガイアが生まれた。ガイアは自分のからだからウラノスを生み出した。ウラノスは、ギリシア神話に登場する天空神である。ギリシア語で『天』の意味があり、「星ちりばめたる天」という呼称を持ち、全身に恒星をちりばめた、夜空の神と考えられていた。

地球とは、単なる岩石の球ではなく、正負・陰陽の水分と大気を持ち、そこに生息する生命種とともに、温度・環境を調節する生命システムである。

私たち地球に暮らす生命体は、その生命を、ガイアの絶妙なバランスの上で成り立たせている。

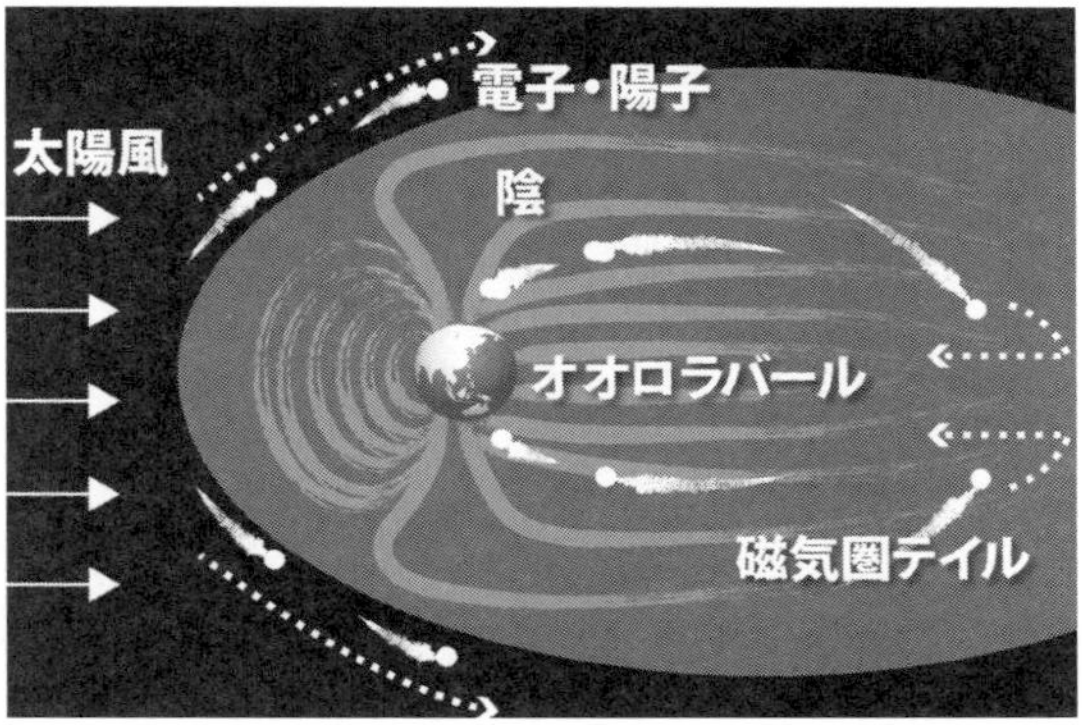

イオンの環

宇宙にある正負微粒子の流れ

地球の北極と南極の両極近くには、太陽風によって作られる、美しいオーロラが発生している。これも電荷をもった微粒子イオンの一つである。

周辺には、プラズマの発光によるオーロラ環《オーバル》と呼ばれるイオンの環《わ》があり、さらに地球の陰《かげ》になった裏側には、窒素や酸素などの励起《れいき》された電子が地球に降り注いでいる。

天体ショーを奏でる流星群も同じである。いくつかの有名な彗星があるが、たとえば１９９５年7月23日、アメリカの天体マニアであるヘールとボップの二人が発見したことで命名された、ヘール・ボップ彗星はご存じだろうか。1997年3月から4月にかけてこの彗星は最も地球に近づいた。

その彗星の様子を観察すると、だんだん太陽に近づくにつれて、彗星の表面からは細かいガスや塵《ちり》の分子が放出され、色鮮やかな青や黄色の尾が、明るく輝き始める。この尾は接近につれ大きく成長して、引き込まれるような、幻想的な色彩を放つ姿になっていく。

この尾はイオンテールやダストテール（ダストとは塵のこと）と呼ばれ、宇宙空間に実に美しいイオンや微粒子が凝縮することで、彗星の流れの軌跡を現している。

ことのついでに彗星の本体はといえば、キロメートルスケールの大型の雪と氷の塊でできている。彗星の核の部分の80％は水で、残りの20％が一酸化炭素や二酸化炭素で占められている。これに微量ながら炭素や酸素、窒素などの化合物があり、さらに塵が混ざっている。

宇宙遊泳でご存じのように、宇宙の空間は真空なので、融けたものはすぐに気体となって蒸発していく。これが彗星から放出されるガスなのである。彗星から飛び出したガスは、本体の核の周りにボヤッとした薄い大気をつくる。またガスの放出にともなって、チリも付近の空間にばらまかれる。

ガスと塵の混ざったコマ成分の中で、水や一酸化炭素、二酸化炭素のガスの分子は、核から遠ざかるにしたがってイオン化され、太陽から吹き出す高エネルギーの電気を帯びた、荷電粒子の流れである「太陽風」によって吹き飛ばされるのである。

写真などに写るこの青白い色の光は、一酸化炭素などが電気を帯びて電離化するためだ。

この宇宙空間で輝くヘール・ボップ彗星は、イオンやダストの微粒子となって、私たちにひとときの安らぎをもたらし、宇宙への夢をかき立てるのである。

ということは、確かに**私たち生命の生まれる前の宇宙の起源から、正負の電荷物は大きく介在したことになる。**

生命は原始大気から誕生した？――地球と大気と海

生命は原始大気から誕生した？

それとも隕石に乗って地球にやってきた？

そもそも、海の中で？

東京大学名誉教授の松井孝典《たかふみ》氏によると、地球が誕生したおよそ46億年前、ガスと塵からなる星雲が収縮を始め、その中心にゆっくり自転する太陽と、その太陽の周りを公転する微惑星に分化したという。

微惑星はさらに衝突を繰り返し、水星、金星、地球ができた。さらにこの惑星に含まれる水と炭酸ガスが蒸発し、原始地球の大気が形成されていった。

さらに地球を構成する海洋と大陸は、どのようにして形づくられていったか。

原始大気の水蒸気の厚い雲から雨が降り始め、それが果てしなく続いた。その結果、海が誕生したのである。

そして、地球を包む大気と太陽の関係は？　地球のほかの惑星に、果たして水や生物は存在するものなのだろうか。

現時点での太陽系で、液状の水を持っているのはいまのところ地球だけである。これは地球の太陽からの位置が、たまたま水の発生に都合の良い距離にあったからなのだ。

太陽からの絶妙な位置と、原始大気に含まれていた豊富な水蒸気とが、広く深い海とおだやかな大気をもつ、現在の地球を誕生させたのである。

地球と植物の役割

地球は、誕生後間もない、約44億年前に核やマントルが形成され始め、同時に、内部からの脱ガスは、地球の原始大気を形成し始めた。

当時の地球の形成期でも今日でも、火山活動で放出されるガスは類似していると仮定すると、原始大気の組成は、水蒸気が大部分を占め、二酸化炭素（CO_2）が多く、次いで窒素（N_2）であり、微量のメタン（CH_4）やアンモニア（NH_3）や塩化水素（HCl）も含まれていたと考えられる。

水蒸気を別にすれば、地球の大気は木星や金星の大気に類似していた。しかし、生命にとって必要な酸素は存在していなかった。

今日、私たちが日常呼吸している大気は、78％の窒素（N_2）、21％の酸素（O_2）、１％のアルゴンやその他の希ガス、０・03～０・04％の二酸化炭素（CO_2）そして水蒸気（H_2O）などから成り立っている。

二酸化炭素が減少していったことと、一方、大気中の酸素の形成のプロセスは、地球の歴史の中で、生物がどのようにして大気と相互作用してきたかという大きな問題と密接に関わっている。

今日、大気中の酸素は光合成による活動の結果だ。光合成によって酸素を発生する生物で、最も単純なものは、嫌気性《けんきせい》の原核生物であるシアノバクテリアである。

光合成とは、太陽光のエネルギーを生物体（植物の陰）が、化学的な形のエネルギーに変換するプロセスである。

すなわち、植物が、可視光のエネルギーを用いて、大気中から取り込んだ二酸化炭素と、水分から得た水素とを結びつけて炭水化物を合成して、からだの構造体を作るプロセスのことである。このプロセスでは酸素が放出される。

したがって、原始大気には酸素はほとんど存在していなかった。

酸素が存在し始めたのは、約30億年前、先カンブリア紀と考えられている。これは、当時形成された岩石に、パイライトやウラナイトなど、鉄やウランの元素が還元状態で存在していることから明らかである。

今日の二酸化炭素の増加による地球温暖化の防止には、もう一度、この視点に立った見直しが必要である。

つまり近年の人間活動にともなう化石燃料の多消費により、このバランスの崩れをどこで是正したらよいかが危惧《きぐ》されているのだ。

地球上の二酸化炭素を減らし、酸素が形成されるには、地球の歴史のどこかで、もう一度、酸素を発生する光合成生物が現れ、大きく変化を遂げるか、あるいは藻や光合成植物の積極的な活用しかない。つまり陰の活用は、まさに科学という正のもたらした負の遺産を消して

くれるのである。

この地球の大気組成は、植物による二酸化炭素の吸収と酸素の生産、および動物の呼吸による酸素の消費と二酸化炭素の生産、つまり正負・陰陽の法則で保たれていたことを忘れてはならない。

宇宙銀河系の謎を解くカギ

神秘中の神秘ともいえる宇宙や地球生誕の神秘については、まだまだ謎が多い。

巨大恐竜の絶滅が隕石《いんせき》の落下によるものか、あるいは隕石によって舞い上がった塵・埃《ほこり》の大気の変化で低温化が進んだためか、あるいはアミノ酸が毒性に働き、含んだ微生物がもたらした疫病による死滅なのかは謎のままである。

今から38億年前に、地球上に初めて生命が誕生して以来、7億年間は彗星、惑星との衝突が頻繁に起こり、地球の異変は、生命の発芽時代から大きな影響を、地球に生息する動植物と人類に与え続けてきた。

また、**太陽が放射する電磁波の中に含まれる光や熱などが、地球に生命を誕生させ、育み、**

地球の歴史

棲む環境をつくってきた。とくにその中でも正負・陰陽の微粒子の活動は、太陽の周期やコロナ発生に大きく左右されている。

太陽では常に、電磁波のほかに、高エネルギーの中性子や、微粒子の流れも観察されている。これは地球に降り注いで、極地の美しいオーロラの発生などにも関係している。オーロラは、正負・陰陽の様相そのものなのだ。

このように、宇宙・地球・生命を連なる正負・陰陽の法則には、まだまだ謎が多いのだが、太陽が生命を生み出す環境づくりに、大きな役割を担ったのは間違いない。

雷の放電で生まれる生命

地球と生命の関係に迫る興味ある実験は、今や世界各地の研究者の間で行われるようになっている。ある海外の学者は、まず原始環境を想定して、アンモニア、水蒸気、水素、メタンをフラスコの中で混合し、その中で雷の放電（電子の放射）を1週間繰り返したところ、アミノ酸の合成に成功した。生命に不可欠な「核酸」の基になる物質が放電現象（イオン化現象）から生まれたのである。

わが国でも、やはり原始地球の模擬大気から生物のからだを構成する重要な成分の一つ「核酸」を合成することに成功した。

核酸はこれまで、容易に原始大気からつくることが難しく、どのようにできたのか謎とされていた。もしこれができたならば、原始地球で、生命が誕生した過程を解明する新たな手がかりになる。

この研究は、地球ができた頃の原始大気を模して、一酸化炭素、窒素、水蒸気などの混合ガスをガラス管に封入し、宇宙線に相当する陽子線を照射したというものである。照射後にできた物質の成分を分析したところ、**たくさんのアミノ酸に混じって、核酸の一種である「ウラシル」ができていることがわかった。**

原料となる一酸化炭素の炭素元素の炭素原子に、あらかじめ安定同位体で目印をつけておくと、生成したウラシルに同位体が移ることが確認でき、外から混入したものでないことが証明されたのだ。
すなわち**超新星から降り注いだ宇宙線が、原始地球に核酸をつくることが明らかにされた**のである。

大気電気学の登場

雷と宇宙線が生命の素を作った。

このようなことを最初に述べると、みなさんは「えっ?」と思われるかもしれない。元来、雷も電磁波であり、一種の放射線である。雷は別称「稲妻」と呼ばれているように、稲を育み、子を母が大切に育むとするような、深い意味がある。

雷は世界中の多くの民族の中で、自然界の畏敬の対象であり、崇拝の対象にもなっており、いまだに神聖さの象徴となっている歴史がある。

したがって、雷あるいは宇宙線が地球の生命の源だったとする説は、まさに、放電の際に生じるイオン化現象と、生命の相互作用を見極める点での、大きな出発点にもなってくるのである。

大気中には、正と負の電荷を中心として、数個の分子が結合した荷電粒子が存在している。

この微粒子の発生、中和（後述）、移動、ほかの粒子への付着などが、さまざまな電気現象を起こし、この現象は、静穏時の大気中で進行している。

また、**上昇気流によって雲が生じ、降雨、降雪が開始すると、それぞれの現象に応じた電気現象が起こる。雷雲の中では、雷放電を起こす大量の電荷が生成される。このような大気中の電気現象一般を、観測と理論によって解明する科学が「大気電気学」である。**

雷は電気現象であるが、実験的に明らかになったのは1752年で、ニュートンの万有引力の法則の発見(1665年)とファラデーの電磁誘導現象の実験（1831年）の中間の年代で、産業革命が始める8年前のことである。

大気電気学は、この年に産声《うぶごえ》をあげたということができよう。

雷放電と雷は電気であることを、凧《たこ》を揚げて発見した実験では、B・フランクリンの名前が有名であるが、その前に、フランスの物理学者D・アルバートの存在を忘れてはならない。彼はフランクリンの発見の一カ月前に、空に向かって鉄棒を垂直に立て、頭上の雷雲との間に接地した導線の先端に火花が飛ぶのを観察している。

落雷を防ぐための避雷針を最初に考えたフランクリンは、18世紀のアメリカの政治家で、科学者であった。彼は空に向かって凧を揚げて、雷が電気であることを証明する実験を行った。

フランクリンは、アルバートの実験を知らずに凧を飛ばし、凧糸から雷の電気を誘導したのである。

また大気には微弱であるが、鉛直方向に伝導電流が流れている。これを空地電流というが、地表の負の電荷は、この伝導電流によって中和され、負電荷の供給がなければ、約10分間で地表の全電荷は消滅してしまう。大気電荷は、日変化、年変化、気象変化による変動が確認されている。

温度差の大きい大気中を雲が動いていると、雲の中の電気が次第に分離し、上部が正、下部が負の電気を帯び、充電された状態になる。

これをふつう、「雷雲」と呼んでいるが、雲の上部と地上の間に１００万V（ボルト）もの高い電圧が発生して、10分の1秒ほどの間に、火花を散らしながら10万A（アンペア）くらいの電気が流れる。この地球から雲に向かって大量に電子が流れる放電現象が雷なのである。

上空を流れている大気中から、巨大な電気エネルギーが生まれるわけだが、**空気中を稲妻が通ると、電気的な衝撃によって原子から電子が飛び出し、粒子の数が増えるために、空気**

の圧力が急激に増加する。それが、雷鳴である。雷は自然界が生んだ高電圧の静電気ともいえる。

火星や木星に生命の素、水を発見

地球の表面は、大量の海水や雲などの水蒸気で覆われている。では、太陽系のほかの惑星には水はないのだろうか。こんな長く続いた疑問に、最近、ようやく終止符が打たれることになった。

先日、木星の衛星「エウロパ」に水蒸気が噴出している写真がTVで流れ、「木星の衛星に水が存在している可能性がある」と、NASA（米航空宇宙局）が発表したからだ。以前に、火星を分析した土壌や岩石の元素成分に、イオウが豊富に存在することも発表された。

では、なぜ火星にイオウが存在したのか？

生命の起源を含めてその謎を探検してみよう。

NASAは2004年3月、火星には過去に塩分を含んだ海があり、無人探査車「オポチュニティ」の着陸地点はその海岸線にあたると発表した。

岩石の表面の形状や含有物質から裏づけられたもので、ＮＡＳＡの研究チームは、火星がかつて生物の生存できる環境だった可能性がさらに強まったと話している。

もともと火星の極には、白く輝いて見える極冠《きょっかん》と呼ばれる部分があることが知られていた。よく観察すると、極冠は大きさが季節によって変化する。いままでの探査機による観測などから、これは主にドライアイスと氷からなる部分であることがわかった。つまり火星にはこれまでにも、わずかだが水があることが予測されていたのである。

また火星の表面には、かつて水が流れたと考えられるような谷の地形が見られ、また、火星の大気や土壌の分析結果からも、水の存在はほぼ確定的になっていたのだった。

オポチュニティの調査で、それがより明確になった。

以前から火星では、水は表面の岩石の下に、氷のかたちで、永久凍土として閉じ込められているという可能性が考えられていた。火星表面に液体の水があったのだから、生命が誕生していても決して不自然ではない。

ＮＡＳＡは、オポチュニティの着陸地点のメリディアンニ平原と呼ばれる場所が、かつて一定の期間にわたり、水が潤沢に存在した時代があったと述べている。決め手になったのは、オポチュニティがつきとめた火星表面の岩石の組成や、鉱物の組織、硫化物の存在である。

オポチュニティより少し前に火星に着陸していた無人探査車「スピリット」のロボットアームの先端に付けた観測機器を使って、土壌の成分を詳しく分析した結果、ケイ素や鉄などのほかに、塩素やイオウが比較的豊富に存在することが確認された。

大量の水が存在したという最大の根拠は、岩石に、硫酸塩を筆頭に無機塩類が40％も含まれていたことだ。硫酸塩にはイオウや塩類が多く含まれている。

コーネル大学のスティーブ・スクワイヤーズ博士は、搭載されたパノラマカメラと顕微鏡カメラで、「エルカピタン」と名づけられた岩石の組織を観察し、一面に細かい穴が空いていることを発見した。

深さ１cm、幅２mmほどの細かい穴が無数に見られる様子は、地球では塩水の中で形づくられた岩石によく見られる。塩水のある環境で、塩分を含む鉱物の結晶が入った岩石ができ、その後、侵食や溶解などにより塩分を含む結晶が失われると、このような小さな穴ができる。

そのほか、流れる水があったことを示すとされる構造も発見された。

地層が斜めに交わって重なる斜交層理と呼ばれる構造は、地球では水の流れが変化する場所で堆積した地層によく見られるもの。ＮＡＳＡの研究者らは、これらを証拠として、火星にはかつて水が存在した時代があったと結論づけたのである。

一方、研究グループの1人は「火星の過去の観測で検出されたものに似ている。地球ではハワイの火山地帯で似たような場所がある」と述べている。

さらに地球では溶岩やマントル物質の中に存在する、「かんらん石」が含まれることも判明した。この地域の土は、火山活動で形成された溶岩が細かい粒に壊され、砂嵐で運ばれてきたのではないかとしている。

とくに重要なのは、オポチュニティに搭載されたX線分光装置により、着陸地点である台地の表層の岩石が、イオウを多く含んでいることをつきとめたことだ。これらのイオウは、どうやら鉄やマグネシウムを含む硫化物として存在しているらしいと考察されている。さらにメスバウアー分光計による測定では、酸化鉄の硫酸塩であるジャロサイト、つまり鉄ミョウバン石という鉱物が見つかった。

これらの鉱物は、地球では水中でできた石か、またはつくられた後、長い間、水にさらされて変成した石に見られるものだ。

また鉄ミョウバン石は、それを含む岩石が酸性の湖か、または酸性の温泉のような環境でできたことを示す可能性があるそうである。

NASAによって、2011年11月に打ち上げられた無人火星探査車の愛称が「キュリオシティ」である。最近、送られてきた映像を見ると、火星の正体が刻々と明らかにされている。もともと生命の誕生には、有機物と大量の水が必要。地球では、約46億年前の形成直後から隕石によって有機物がもたらされ、40億〜35億年前に海で生命が生まれたとの説がある。地球とほぼ同時期に生まれた火星にも、隕石が有機物を運び込んだ可能性もある。海や湖があれば、生命誕生の最低条件はそろっていたことになる。

硫化水素を食べて繁殖するバクテリア

火星からまた地球に目を戻してみよう。

ＮＨＫの深夜番組『ＮＨＫスペシャル探検　溶かされた大地—謎の洞窟に原始の生命を追う』が放映された。テレビの映像には、硫化水素が充満したガス中に生息するメキシコ、ヴィラ・ルース洞窟に生きる生物群が紹介された。

深い洞窟の奥には、幾種類ものバクテリアがイオウを食べて硫酸を垂らし、プラナリアや巻き貝など、過酷な環境に住むさまざまな生物がいる。

洞窟の微生物学と生態の研究は、近年、多くの学者たちの大きな関心事になっている。それはこの研究が、火星などの宇宙生物学とも強く結びつくからである。

硫化水素が高濃度に溶け込んだ水蒸気や、空気が作る湿度は、カメラなどの電子部品を容易に腐食させるため、撮影さえ難しく、人間が装着する吸着フィルター付き防護マスクを使っても、2時間の滞在が限界であった。

しかし、そのような環境でさえ魚が泳ぎ、貝が繁殖し、昆虫が歩いている。

驚異の地下洞窟からは硫化水素が噴出し、バクテリアが硫化水素を取り込んで硫酸を出し、その硫酸が岩を溶かし、氷柱のように垂れている様子がうかがえる。

その場所では硫化水素が300ppmを超え、岩肌一面にはイオウの結晶が黄色い薔薇《ばら》、「イエローローズ」を咲かせている。しかしそこにさえバクテリアが生きているのである。まことに不思議な空間だ。深海の熱泉に生きる生物群も魅力的だが、淡水の地下洞窟にもこんな世界があった。

バクテリアのレベルなら、水分さえあればどんな環境でも棲息可能なのだろうか。だとすれば、火星に生命の痕跡、あるいはそのものが見つかるのも時間の問題だ。

負のイオウが生命を誕生させた

イオウ(S)の負電荷は重要である。生体元素としても、上位にランキングされ(6番目)、

ほかの元素に比べて多い。

このことは実は生命の誕生に非常に重要な意味を持っている。たとえば炭酸またはギ酸などのカルボン酸類、ホルムアルデヒドなどのアルデヒド類と、アンモニアに硫化水素を作用させると、常温下において、わずか数時間で各種のアミノ酸構成を持ったポリペプチドが生成できることが知られている。

ふつうの海水中で硫化水素と、ありふれた無機物を混合し、反応させるだけでいわゆる「細胞様高分子」が沈殿する。

細胞様高分子というのは、生命ではないものの、一定の安定した膜構造を持ち、物質代謝を行う、いわば生物のような無生物だ。

また陽光の届かない海底や地底にも、生物群集が存在し、食物連鎖が認められることがある。光合成以外の食物連鎖の可能性である。これは生物の死骸から硫化水素が発生していれば、深海特有の生物と同様に、光合成に依存しない独特な生態系を形成することができるからだ。

硫化水素も、硫酸も、先にあげた細菌にとってはエネルギー源だが、多くの生物にとっては毒になる。硫酸を使う植物も、硫酸がありすぎるとその作用で弱ってしまう。それでも害がないのは、硫化水素、硫酸を分解するイオウ酸化菌、硫酸還元菌が、地球上のあちらこちらにバランスよく存在し、硫化水素、硫酸のどちらかが極端に多くなることを防いでいるからなのだ。

つまり**私たちの健康を、その次元で考えれば、体内に存在する負イオンの「硫酸イオン」も、菌の酸化と還元の微妙なバランスで効果が生み出され、病気治癒の道を拓くことになる。**

生命は負の環境でつくられた

生命が作られるのには、宇宙にある素材と、地球の原始環境における適度な環境条件が必要であった。

その頃の地球の雰囲気は、現在と異なり還元的な大気で、水素やメタン、一酸化炭素、アンモニア、水蒸気などの多くが大気を構成していた。

そこに紫外線や、放電、放射線、熱など様々なエネルギーが加わることにより、元素が結合し、やがて大き目の分子が合成された。

たとえばそれは、生命の素であるタンパク質、同時にアミノ酸やプリン、核酸塩基、糖などの高分子に発達していくことになる。

そして**注目すべきことは、これらの大気分子が地球の土壌の粘土質表面、つまり負電荷環境において重合して、たとえばグリシン重合体を経て原始タンパク質に変化したと考えられている点である。**

ソ連の化学者オパーリンは生命誕生のプロセスを、原始の海で生体高分子が、さらに高次な構造を作りうるためには、代謝などを営む原形として膜が必要であると考えた。

それを卵白のような、透明な溶液の中で混ざって生まれる、小さな濁った粒のようなものと考え、それを〝コアセルベート（液滴）〟と命名したのである。

つまりオパーリンは、タンパク質などの生体高分子が、原始の海でコアセルベートをつくり、それが生物へと進化したものと考えたのだ。

ところが最近ではその状態が一歩進んで、生命が生じるためには、金属元素による触媒作用が重要な鍵になることがわかってきた。つまり現在、金属酵素として知られているような、酵素が不可欠であったと考えられているのである。

ではこの酵素とはいったい何なのだろう。いうまでもなく酵素は体内で大切な役割を担っている。しかも酵素の中でも金属元素は、タンパク質または核酸分子の中に極めて取り込まれやすい性質をもっている。

空気、水、土壌。そして**生体高分子を中核として、それらの周りに金属元素の酵素やタンパク質、エネルギー、微粒子イオンなどが交わり、生命組成への輪が生まれ、初めて原始細胞に進化したと考えられる**のだ。

たとえば重金属である鉄(Fe)にしても、あるいは銅(Cu)や亜鉛(Zn)、マンガン(Mn)、コバルト(Co)などの金属酵素も、生命誕生に重要な役目をもって存在していた。

鉄の水溶液はペルオキシターゼの活性を示すが、もし鉄がヘム、タンパクで囲まれるようなことになると、その反応性は極めて高い活性を示すようになる。

だから昔から海底や土壌に多く存在する鉄において、タンパクとの自触媒作用により、生命反応が促進されることは充分うなずける。

生命が自らを形成する際、少量の金属とタンパク質、核酸との間で金属触媒反応が生じ、さらに進化の過程の中でさまざまな生物分岐が起こったのだろう。

金属元素は、生命の誕生の段階から極めて重要な役割を果たし、必要不可欠なものであったのである。

第4章

細胞と正負の電気（水）

……生体は極性分子の集合体

生命のルーツは海にあった

生命は、本来、大気中の雷放電によって作られ、それが海に溶け込み、海底から吹き出す熱水によって育まれてきた。

水とからだを探るうえで重要な視点は、人間は海から生まれた生物であることだ。人間の血液や体液は、地球の海水の成分とよく似ている。これは元素、電解質のミネラル成分の比率が極めて類似しているからである。

中でも**重要な役割を担う神経細胞が、膜の内外に量的に差のある状態で、ナトリウム（Na^+）とカリウム（K^+）の両イオンが、ほどよくバランスを保っている。**これは、まさに生物が初めて海に現れた頃、その原始細胞が海水中で行われた縮図に映る。つまり、**細胞内に滲入《しんにゅう》してくる塩分（NaCl）からナトリウムを排除して、カリウムを細胞内に取り入れるということを、長い年月をかけて獲得してきたため**と考えられる。

その結果、原始生物が、やがては陸上での生活に適応できるようになってきたのであろう。

したがって、今でも海水と似た組成の細胞外液を保つような機構をもっていることで、生物は陸上で生きることができるようになっており、このことが人間に限らず、現存する生物の細胞外液が昔の海水の組成に近いと推定されることの一つの説明になっている。

生体は極性分子の集合体

水や空気に限らず、そもそもからだにはさまざまな種類の元素が溶け込んでいる。**からだは主に酸素や炭素、水素、窒素の成分が96％を占め、そのほかの多種多様なミネラル電解質や微量元素から成り立っている。**

もちろん、生体元素の種類と存在によっては、からだのバランスが微妙に狂い、健康を大きく損なうことになる。

生体をつくるタンパクや脂質、炭水化物などのほかに、溶存する微量物質やイオン、そしてからだの中心的存在である細胞と細胞膜内外の輸送、それ

からだの元素表（体重70kg）

元素名	記号	体内量(g)	体内量／体重(%)
酸素	O	43000	61
炭素	C	16000	23
水素	H	7000	10
窒素	N	1800	2.6
カルシウム	Ca	1000	1.4
リン	P	720	1
イオウ	S	140	0.2
カリウム	K	140	0.2
ナトリウム	Na	100	0.14
塩素	Cl	95	0.12
マグネシウム	Mg	19	0.027
ケイ素	Si	18	0.026
鉄	Fe	4.2	0.006
フッ素	F	2.6	0.0037
亜鉛	Zn	2.3	0.0033
銅	Cu	0.072	0.0001
スズ	Sn	0.017	0.00002
マンガン	Mn	0.012	0.00001
ニッケル	Ni	0.01	0.00001
モリブデン	Mo	0.0093	0.00001
クロム	Cr	0.0066	0.000009
コバルト	Co	0.0015	0.000002

をコントロールするイオンチャネルなど、正負のイオンが司る役割は大きい。

その理由は、私たちのからだは約60兆個の細胞からできており、細胞をつくる分子は極性分子の集合体であるからだ。

その細胞の主成分は70％が水で、その細胞の内と外、細胞間質液《かんしつえき》の中には、さまざまな電解質イオンが含まれている。

イオンは、からだのpH（酸と塩基の濃度を示す単位、ペーハーと呼ぶ）バランスをコントロールする手段として、体内の電解質ミネラルに大きく左右されるということがわかってきた。

電解質は、物質が溶解されたときに形成される、電荷イオン粒子の数の多少によって、強電改質と弱電解質に分類できる。

溶液中で完全にイオン化、あるいはイオンに解離する物質が強電解質である。これに対して、溶液中で一部分のみがイオン化する物質が弱電解質だ。

電解質は、わたしたちの体内において、さまざまな制御機能を果たしているだけでなく、酸・アルカリと水のバランスを維持する役目を受け持っている。

ここで参考までに、**体内の主な正イオンと負イオン**を述べてみよう。

生物の組織内にある主な〈正イオン〉は、ナトリウムイオン Na^+、カリウムイオン K^+、カルシウムイオンCa_2^{+}、マグネシウムイオンMg^{2+}などである。

また〈負イオン〉には、炭酸水素イオンHCO^{-}、塩化物イオンCl^{-}、リン酸水素イオンHPO_4^{2-}、硫酸イオンSO_4^{2-}、有機酸、タンパク質などがある。

［細胞内液中］（男性の場合）に貯蔵されている主要電解質の割合は次のとおりである。

〈正イオン〉：カリウムイオンK^{+} 77％、マグネシウムイオンMg^{2+} 14％、ナトリウムイオンNa^{+} ８％、カルシウムイオンCa^{2+} １％

〈負イオン〉：リン酸水素イオンHPO_4^{2-} 52％、タンパク質32％、硫酸イオンSO_4^{2-} 10％、炭酸水素イオンHCO_3^{2-} ５％、塩化物イオンCl^{-} １％

［間質液内《かんしつえき》］（男性の場合）に貯蔵されている主要電解質の割合は次のとおりである。

〈正イオン〉：ナトリウムイオンNa^{+} 95％、カリウムイオンK^{+} 2.5％、カルシウムイオンCa^{2+} ２％、マグネシウムイオンMg^{2+} 0.5％

〈負イオン〉：塩化物イオンCl^{-} 73％、炭酸水素イオンHCO_3^{2-} 19％、有機酸５％、リン酸水素イオンHPO_4^{2-} ２％、硫酸イオンSO_4^{2-} １％

これらの細胞を包む膜を境としたこのイオンの存在と分布の差が、実は膜や神経細胞の発生や興奮に、密接な関係をもっている。

からだも正負の電気で成り立っている

宇宙や地球がそうであったように、からだも正負の電気現象からなっている。

それは生体が常に自ら電気を発生しているからである。

この生きている**からだの電気を「生体電気」という。そして細胞の分子は正（＋《プラス》）と負（－《マイナス》）の極性をもつ分子の集合体で構成されている。**

私たちのからだは、さまざまな電気現象で成り立っている。

心臓から出る電気は心電図で知ることができる。この電気は全身を流れ回る。足や手の指先から頭の先端まで一瞬の間に、電気が駆け抜ける。ふつう1分間に約60回の周期で電気が流れている。

では電気ウナギは、なぜあれほどの高電圧を発生するのだろうか。電気ウナギに衝撃を加えると瞬間的にからだの周りに電界を形成する。

生物界には電気を発するものはたくさんある。それは、からだの中に発電機があるからである。

人間のからだも心臓が発電する。細胞も発電する。では、その発電機の源は何か。それはカリウムやナトリウム、カルシウム、マグネシウムというミネラルの生体イオンである。

乾電池も亜鉛や炭素、希硫酸《きりゅうさん》で電気を作る。

からだは細胞の起電力によって生かされており、いわば正負の電気の活性は、生きている元気度を知るバロメーターである。

からだの循環系や神経系の体内回路は、あたかも電気の配線を張り巡らせたように配置されている。細かい分子とイオンのレベルで循環や代謝が行われ、生きている。つまり、そのまま生体エネルギーが高度に交差する場である。

もし、心室の筋肉などに梗塞《こうそく》がある場合などは、心電図波形のT波、つまり心室興奮の消《しょう》退《たい》を示す波が負に変化する。

脳は寝ているときも、そうでないときも、ちゃんと活動している。脳の活動電位を脳波といい、睡眠や興奮、リラックス、読書、思索など精神活動の状況に応じて、脳波にα《アルファ》波、β《ベータ》波、θ《シータ》波、γ《ガンマ》波などと呼ばれる周波数の異なる波形が現出する。脳の活動状態を示す電気現象が脳波である。

そのほか生体から出ている電気現象は、すべて必要に応じて測定、記録することができる。

それらの結果は、すべて正負の電気の流れであることを示している。

正負イオンが敵から身を守る

電気と生体との基本的な関係を知るには、まずその古い歴史を語らなければならない。生体と電気、生物と電気について、その原典をひもといてみよう。

古代のエジプトにおいても、すでにシビレエイや電気ナマズに触れると皮膚がピリッと強い電気の衝撃を受けることが経験的に知られていた。

１８４３年に出版された本の口絵には、博物学者フンボルトが、１８００年に南米で目撃したデンキウナギが、馬を電気ショックで倒す様子が描かれている。フンボルトは、電気ウナギの放電によって馬が倒されるのを見て、**生物の電気発生器官は、敵に対する攻撃や防衛用としての役割を果たしていることを発見した。**

この作用はライデン（Leyden）という科学者によって、１７４５年、瓶の中の放電現象で起こる電気の感覚に近いことがわかった。

また**淡水産の電気魚の中には、尾部にある発電器官からの放電を、頭部の電気受容器で感受して、方向探知を行っているものがいる**ことも知られるようになった。

このように生物電気が科学的に取り扱われ、生体の生命現象の一つであることを最初に明らかにしたのは、１７９１年、イタリアの有名な解剖学者ガルバニー（Galvani）であった。

この分野の先駆者である彼は、あるとき不思議な光景に出くわした。

彼は生きたカエルの脚の標本を、庭の鉄格子に銅製の吊り具でぶら下げ、空中電気の影響を調べていた。するとたまたま風が吹いてカエルの脚の筋が、鉄格子に触れるたびに収縮している現象が目にとまったのだ。

それに大変興味を示した彼は、部屋の中に持ち帰って同じように試みた。すると同様の収縮が起こるのである。そのことから、彼は収縮が空中電気のためでないことがわかったのであった。さらに、銅と鉄からなる金属弓が脚に触れても収縮が起こった。

この観察と発見から、彼はカエルの筋は、あたかもライデンの瓶のように、正と負の電気が蓄えられており、金属弓で短絡して放電が起これば筋は収縮すると考えたのである。

ルイージ・ガルバニー

ガルバニーがこの生物電気説を学会で発表するや、学会はもちろんのこと社会にも一躍、強い関心と衝動、そして影響を与えた。たとえば、医師が金属弓によって神経病などの治療を行ったり、また遺体もこの方法で動かなくなるまで埋葬が許されなかったこともあった。

一方、同時代の有名な物理学者ボルタ（Volta）は独自の考えを持っており、1793年、ガルバニーの実験したカエルの筋収縮は、筋の生物電気によるものではなく、異種金属間の接触電位差に基づくものと主張した。そのため、ガルバニーとの間に激しい論争が起こったのだ。

この間、ガルバニーはさらに神経のついた筋標本で、神経の切断端を筋に接触させると、筋収縮を起こす、いわゆる〝金属なしの収縮〟を発表し、筋の生物電気が放電したと考えて、彼の生物電気説が正しいと主張した。

しかしこの所見は、接触電位差説の否定でもなく、また現在の生物電気の概念そのものでもなかった。実はこの金属なしの収縮は、神経が傷ついたことによって生じる「損傷電流」と呼ばれる現象によって起こる筋の興奮であったのである。

生物電気の一種である損傷電流によって、筋の興奮が起こったという実験の事実は正しく、ガルバニーは生物電気の発見者といわれている。

この一連の歴史から学べることは、少なからず**生物の電気現象は、あくまでも自己保護のために、敵からの攻撃に対して命を守るという、生物本来の種保存の目的にかなう機能であり、細胞レベルの電気的な正負荷電粒子のもつ作用機序も、同時に一種の生命体としての生**

物進化から創造された極めて合理的なメカニズムといえる。

心臓と体表面の電位分布に見る陰陽

左の写真は、わたしが若かりし頃、東京大学研究室で行われた心臓の電気現象計測と、同時に体表面電位の流れの可視化の実験である。

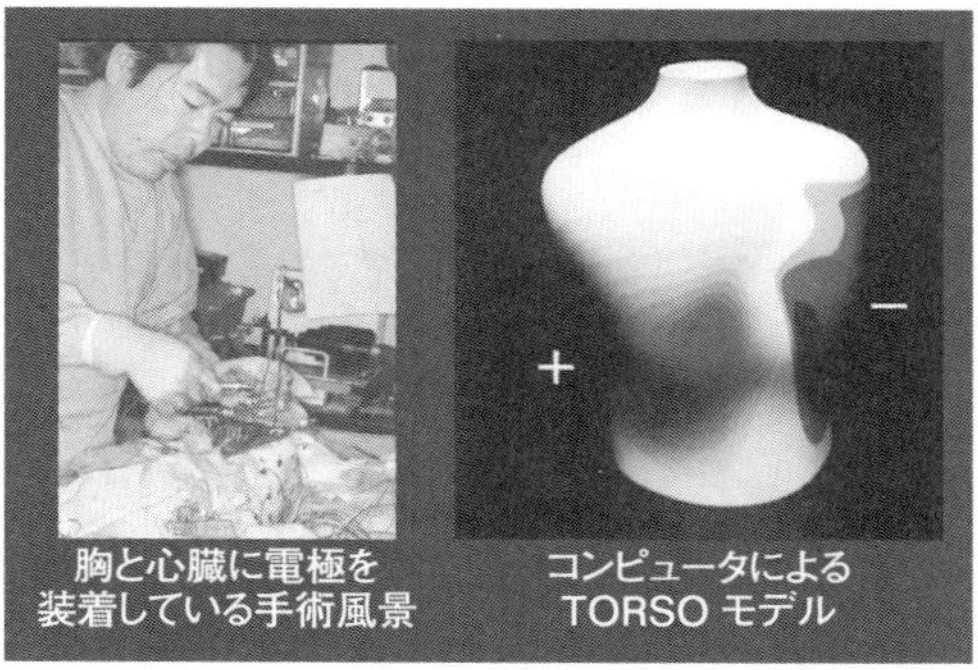

体表面の電位分布

この種の研究では、実験にコンピュータ情報処理技術を用いている。心臓や胸壁面にたくさんの電極を装着しその電位分布と、時系列な流れから、心臓の状態を体表面のマッピングにより判別する方法だ。梗塞などの部位、サイズ、変性状態を詳細に同定するものである。

これらの研究は、概して「心臓逆問題解」と命名されている。

人体のトルソーモデルのプラスやマイナスの電位が、あたかも山の等高線、天気図の気圧変化のように、移動するのである。

つまり、心臓の異常は、体表の電位のプラスやマイナスの出現と、流れる方向や動きの異常によって観察される。

からだの生体電気の多くは、活動電位の高低のリズム、つまり正負・陰陽で生命活動が維持されている。

そのリズムは、もとをただせば子宮内の卵子と精子の受精によりスタートし、やがて着床した胎児の一部から、自然発生的に生命の鼓動が打ち始められる。

その心臓の鼓動は、一生をかけて休みなく動き続け、やがて、生体元素、金属ミネラルの力を借りて、神経や細胞を流れ続けるのである。

細胞膜のイオンチャンネル

人間が生きていくには、空気中の酸素や、さまざまな栄養素、つまり水や食物を常に摂取しなければならない。

同じように体内の細胞が生きて機能していくためには、接近するほかの細胞と情報交換し、同様にいろいろな物質を取り込まなければならない

人間が口に入れた食べ物が消化され、肛門から便として出されるように、体内の細胞も膜

を通して外に排出することが必要となってくる。

たとえば細胞が、さまざまな物質を取り入れる方法には、ふつう、次のようなことが考えられる。

一つは、極めて小さな分子の物質が、細胞膜に無理をせず形態的な変化を起こさずに、透過することから、細胞膜に、イオンが自由に出入りできるような、小さなトンネルがあるという説。

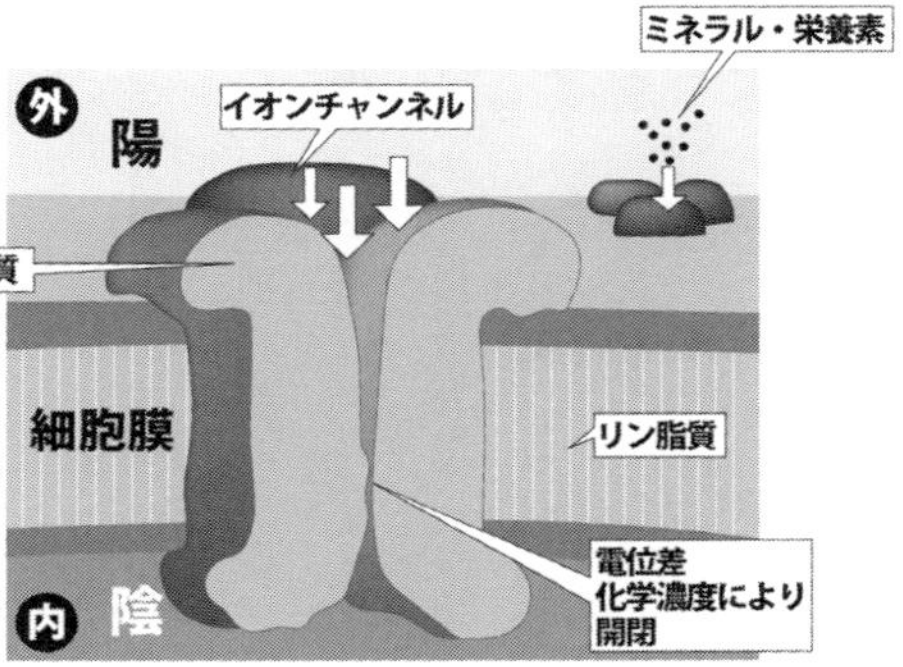

イオンチャンネル

二つには、細胞膜の脂質に溶解するような物質では、まず膜の脂質層に溶け、その後に細胞の内に入ると考える説である。

いずれも膜の内外を往来するという点で、本質には大差がなく、同じ考え方であるとされている。

この細胞膜にある小さな孔《あな》がイオンチャンネルと呼ばれている。

この**イオンチャンネルの孔から、さまざまなミネラルイオンや栄養素が行き来する原動力は、細胞内外の電位差で**

あり、化学的な濃度差である。そして細胞内外に張り巡らされた電子網のネットワークである。

電子は、このようなエネルギーの勾配があって、初めて動き出すのである。それが異常な環境に遭遇したときに、とくに顕著に発揮される。

この生命維持に必要な栄養素・ミネラルが、細胞を出入りする際に通る細胞膜の「チャンネル」の発見に対してノーベル賞が贈られた。

続いて1988年、アメリカ、ジョンズ・ホプキンス大学のピーター・アグレ博士は「水チャンネル」を発見した。それは、水は細胞膜を透過するという考えを覆す発見であった。赤血球の細胞膜で、水チャンネルとして働くタンパク質を発見したのである。

一方、ロックフェラー大学のロデリック・マキノン博士が発表したのは「イオンチャンネルの構造と仕組みの解明」である。この二人の抱き合わせ研究で2003年、ノーベル賞が授与されたのである。

ここでこのメカニズムに興味のある方のためにさらに詳しく述べてみよう。

この発見は細胞膜のチャンネルを通って水やイオンが出入りすることによって、細胞の中のイオン濃度が調節され、腎臓などの臓器や神経の機能が維持されるというものであった。

細胞質を包み込む細胞の膜には、電位が発生しているが、この膜電位のおかげで、物質が膜を通過できる。

その膜電位を維持するためには、エネルギーが必要である。これにはイオンチャンネルと呼ばれる機能が働いているからだ。

細胞膜の内と外との電位勾配は相当なもので、人間の尺度に換算すると、感電すれば即死するほど（１cmに２００万Ｖ）である。

この大きな膜電位のおかげで、物質が膜を通過することもできるわけである。膜電位がなければ物質を取り込めず、死に至る。したがって、もし、からだの中の正負の電気がなければ、人間は生きられないのである。

健康は細胞膜のイオン交換で成り立っている

細胞膜を構成するタンパク質は、いろいろなイオンの中から選択的な膜透過を行い、その結果生じる細胞膜内外のイオン濃度（イオン勾配）により、膜内外に電位差が形成される。

この膜を介して種々のイオンが輸送されるのであるが、イオンチャンネルは細胞膜ばかりではなく、細胞質にあるミトコンドリア、葉緑体、液胞、小液胞、リソソーム、エンドソームの膜上にもある。

細胞膜内外のいろいろな環境はとても面白いもので、細胞では一時も休むことなく、いろいろな物質の交流が行われている。

細胞の中のpHは、たとえ外が酸性であってもアルカリ性であっても、だいたい中性に保たれている。ナトリウムイオンが細胞内に流入すると、それと反対の向きに水素イオンが放出する。またナトリウムの出し入れはナトリウムポンプと呼ばれ、あたかもポンプで水をくみ出しているように想像できるのである。

塩素イオンのような負イオンを交換するタンパク質もpHの調節に関与している。

細胞の環境は、主に細胞内はカリウムが多く、細胞外にはナトリウムが多く存在する。また電気的には細胞膜の内側はマイナス電位（静止電位は約マイナス75mV）になっている。

つまり細胞の生命維持は、適度な負イオン環境で保たれているといってよいであろう。したがって細胞は、生体電気の究極の存在である正負の微小な荷電粒子のイオンによって支えられており、イオンは生体にとって必要不可欠なエネルギー源なのである。このイオンの特性を上手に活用し、病弱なからだを修復する方法論こそ、まさに宇宙と生命を連なる陰陽の法則なのである。

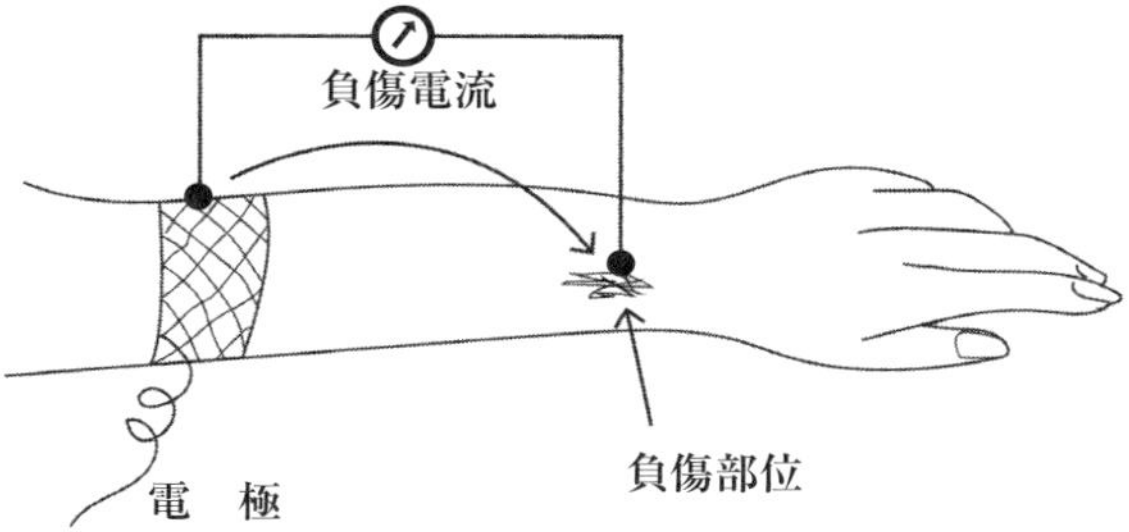

負傷電流　参考資料：『医用電子工学概論』斎藤正男他著より　講談社 1979

傷口の修復は負の還元力と損傷電流の謎

からだの皮膚の一部が負傷した場合、その傷口と、傷のない正常な皮膚とを細い電線で結ぶと、そこに電気が流れる。

からだでは、損傷した細胞を修復する場所に、損傷電流（4〜30μA／㎠）という微弱な電気が流れているのだ。

この現象は昔から「負傷電流」、あるいは「損傷電流」と呼ばれ一部の電気生理学者の間では知られていた事実であった。

微弱電流は、わたしたちが本来持っている微弱な生体電流による、細胞の活動の手助けを行っているといえるだろう。

乾電池や異種金属、電気もないところで、なぜこのような電気が流れるのか、本当に不思議であろう。そもそも電気は電圧や電位差といった、水が高いところから低いところに流れるような高低差がないと流れないものである。

ではなぜ損傷電流という不思議な電子が流れるのであろうか。

その理由をわたし流に次に説明しよう。

「皮膚の細胞が損傷し、細胞質が暴露されると、それを守ろうとするホメオスタシス（本能的な防衛機能で、生体の恒常性）が発現する。細胞質の各種のイオン、そして出血した部位の止血作用が、血小板や血球を動かし、マクロファージなど傷を癒す免疫、抗体、さらに全身の水素や電子を凝集させ、その結果として異常部位と正常部位の間に電位差が生じるためと予想される」

中でも正負イオンの速攻的な作用機序は目を見張るものがある。

当然、このような現象は、からだの内部でも起きる。組織、臓器、器官に損傷や変性が生じたとき、この事例と同じような正負イオンが動き始める。「〝電気が動く〟治療機序が働く」ことが考えられるのである。

生体物理学者としての立場から結論を述べれば、

「からだは、細胞などで電気的均衡を破る異常な状態に遭遇したとき、合目的にそれを補正・補完・補償する生体の恒常性本能が働き、それが免疫力や殺菌力となって治癒に至る。

この生体の恒常本能つまりホメオスタシスでは、電子的に見れば、60兆個の細胞における

正負微粒子イオンの活性力である。それはからだに貯留保する水素をはじめ、数十種類以上の微量元素群に影響を受け、とくに負イオンの還元力作用、電子防衛力が極めて大きく作用する」

イオンはからだ全体を、大きく、そしてくまなく有機的に動き回っている。

悪い箇所を発見すれば速やかにイオンが集まり、傷を修復する。したがって、からだの内部環境と外部環境の荷電粒子の強度や分布によっても、私たちのからだは大きく影響を受けているのである。

からだの中に電子はどれくらい流れるのか？

大部分の人は、薬が病気を治すと思っているのではないだろうか？

しかし、それは正しい答えではない。

病気は人のからだに備わる自然治癒力、すなわち免疫力と復元力が治しているのだ。

しかも、復元力は、からだを流れる微小な生体電気、すなわち微弱電流という電子力が大きく影響する。

からだを流れる微弱な電流といっても、私たちはからだに電気が流れていることすら感じることは普段ない。

しかし、前述したようにからだでは、とくに**損傷した細胞を修復する場所に、損傷電流という微弱な電気が流れることを知らねばならない。**

微弱電流は、私たちが本来持っている免疫力に加え、細胞の活性力の手助けを行っている。

一方、皮膚の傷に、微弱電流が流れると傷の回復が早いという研究報告がある。

「傷口に発生する微弱な電場に周囲の細胞が集まり、治癒が早まる仕組み」。これは、秋田大学、英アバディーン大学の研究チームが解明し、2006年7月27日に英学術誌の『ネイチャー』に掲載された。

この電場が発生すると、細胞が動く仕組みは、秋田大学の佐々木雅彦教授と鈴木聡教授らが調べたものだ。皮膚の角質細胞などに電流を流したところ、細胞を内側から押す力のあるリン脂質が片側に偏ってできた。

このリン脂質を作ることができない細胞は、電流を流しても傷の回復は鈍く、リン脂質を分解する酵素がなくなると傷の回復は早くなった。

この論文では、皮膚を傷つけると1㎠当たり、4～8μA程度の微弱な電流が流れると記載されている。これまでもわが国では、電流によって周囲の細胞が傷口に向かって移動するという研究報告はあった。

なぜ指圧やエステマッサージでからだが回復するのか？

皮膚を損傷するまでもなく、局所を加圧したり、吸引したり、抓《つね》ったり、揉んだり、温めたり、鍼《はり》を刺したり、灸をしたり、電気を流したりという、いわば物理療法やマッサージなど、物理的な刺激によってもからだは変化する。

これらは病院でのリハビリやスポーツ訓練施設で行う物理療法、理学療法などで広く知られている。

指圧やマッサージをすると、その部分の血流が増し、疲労物質が排出される事実が知られている。

しかし、もう一つの秘められたメカニズムである、**「電子が動く圧電効果」に注目すべきである。**この種のセラピーはいろいろな施術にあてはまる。

たとえば、マッサージや指圧の施術は、すなわち、皮膚の真皮《しんぴ》にあるコラーゲンの圧電効果である。電子が流れるその理由は、コラーゲンにはケイ素（Si）が多く含まれ、しかも圧電効果ですぐ思い浮かぶ代表の水晶は、99％のケイ素を含有する。

そのほか、**ケイ素の多い皮膚、骨、血管などに圧力を加えると、電子を得て、回復（酸化から還元）する。**ただあまりに圧力が強いと、発生するイオン量が大きいため、体内で落雷が起こるよう痛みを感じる。

そこで私の考え方に基づく**からだが癒されるための「電子が流れる生体物理医学の5大法則」**を次に示しておく。

①マッサージ（押す、さする、揉む、たたく、抓る、引っ張る）
②電位差（鍼、静電効果、圧電効果、低周波、微弱電流、低電位水、水溶性ケイ素）
③温熱差（灸、ハイパサーミヤ、温冷湿布効果・クーリング、遠赤・近赤外線効果）
④化学濃度差（薬、栄養ドリンク、塩マッサージ、水素水、高濃度ビタミン）
⑤電子付加（高電位療法、抗酸化物質、水素、ケイ素、負イオン、遠赤外線、磁気）

①から④の物理・化学エネルギーは、最終的に⑤の電子エネルギーに変換されることが多い。

骨はケイ素の電気で強くなる

電気を流すことによって骨の成長が顕著になることも知られている。電気刺激による骨折治療は、すでにリハビルなど臨床的にも盛んに用いられている。イギリスの有名なサッカー選手であるベッカムが、この方法でケガからの再起が早まったのはよく知られている。

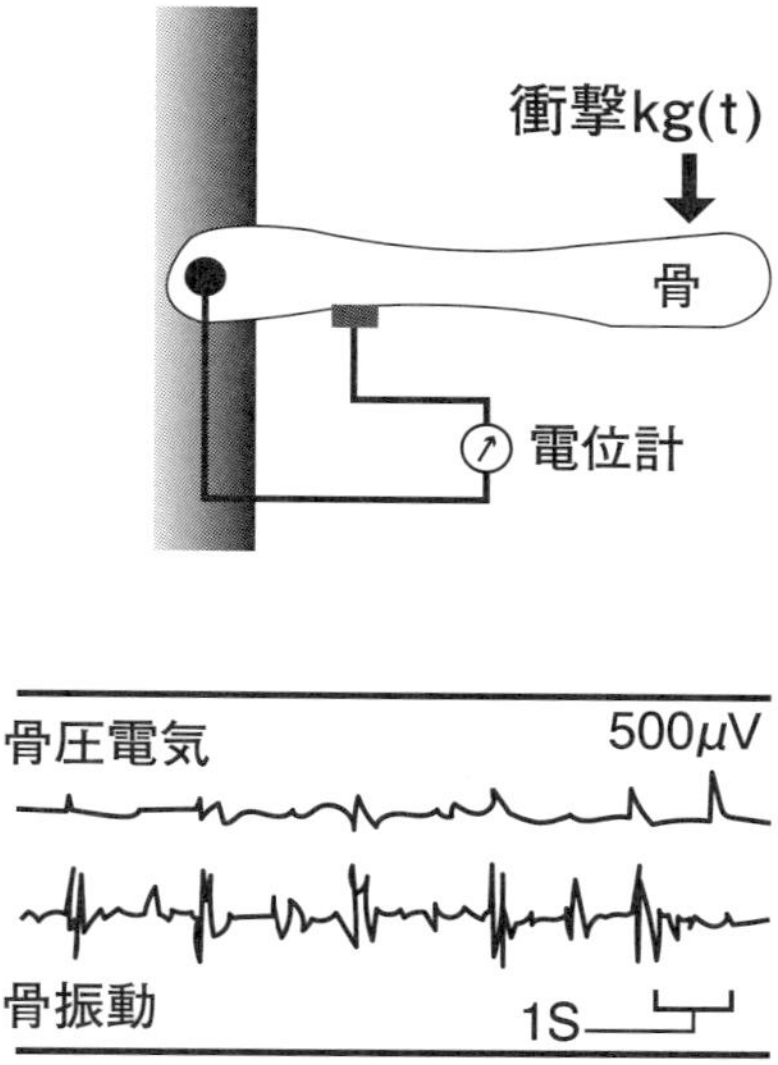

骨に圧力を加えると電気が流れる

切断された神経に、電流刺激を与えて再生する試みも行われている。

こんなおもしろい事実もある。骨の一端を固定して、もう一方の端に力を加えるとその骨は曲がるが、その骨の伸展側には正の電気が、屈曲側には負の電気が発生して、一瞬、電流が流れるのである。

なぜ、電流が流れるのであろう。骨は、コラーゲンの線維と水酸化アパタイトの結晶によってできている。このコラーゲン線維はタンパクの高分子でできていて、マイナスCONH基を有している。つまり、この高分子の場合は、電荷配列はOが負で、Hが正の双極子が存在することになる。

ここで興味深いのは骨の元素は、カルシウムだけでなく、「ケイ素」というミネラルの存在であることだ。人骨の33％はケイ素である。

もちろん皮膚組織、真皮の中のコラーゲンにもケイ素が存在することは言うまでもない。

ケイ素が99％を占める水晶は、結晶構造に歪みが生まれると電子を放出する。

骨は外からの力によって歪《ゆが》み、電気的バランスを崩すために、電位差を生じて電流が発生する。骨へ衝撃を与えると骨は振動し、これに同調して圧電気が発生する。

また、歩いたり走ったりといった運動によっても、骨の内外に電流が発生している。この場合の電流は交流で、この交流が刺激となって新しい骨が形成されるのだ。スポーツマンや肉体労働者の骨格がいかにもガッチリと強固に発達しているのは、ふつうの人より多く交流が発生しているからともいえるのである。

第5章

酸化還元の生命の法則（火）

……からだの中のジキルとハイド

からだで起こる化学と物理の酸化

私たちは空気中の酸素を、自然な呼吸の中で取り入れている。

もし、からだに吸引された酸素が、その生体分子と酸化反応により、大量の熱が発生し、火がつき炎のようになれば燃焼になる。

燃焼は、あたかもマッチ棒をこすり、パッと火が燃え上がるように、簡単なきっかけで容易に起こる現象である。

言い換えれば燃焼は、生理的には「炎症」となる。この酸化反応はふつうに起こりやすい反応で、しかもかなり激しい反応である。

たとえば、私たちのからだを構成している有機化合物にも、酸素は容易に反応する。しかし生体の細胞のリン脂質、タンパク質でなる細胞膜などに、酸化反応が容易に及ぶようでは困ってしまう。

このような意味で、生体と酸素の関係は、有用な元素でありながら、反面、非常にやっかいな有毒性の元素であることに困惑してしまうのである。

ところで今までの説明のように、酸素には活発な反応性があるため、酸化反応には必ず酸素が関わるものと信じられてきた。

しかしこの認識は厳密には正しくはない。

その理由は、**物理学の世界では、「酸化」とは酸素との化合に限らず、物質から電子が逃げるすべての反応をいい、酸素以外にも、電子捕捉能力のあるすべての物質が引き起こす一般的な反応と認識されているのだ。**

承知のように、すべての物質の最小単位である原子は、真ん中に〈原子核〉と、その周囲を回る軌道に、マイナスの電荷をもつ〈電子〉から成り立っている。

原子核はプラスの電荷をもつ陽子と、中性のいわゆる中性子からできている。

つまり原子レベルでの正負・陰陽である。

一般に、陽子の数と電子の数がつりあっている中性の状態では物質は安定を保っている。

ところが電気的に中性の原子から、電子が引き離された場合、このような過程を「酸化」と呼んでいる。

つまり酸化とは、化学的な酸素反応で起きる酸化と、物理的な電子の離脱で起こる酸化の２種類が存在することになる。

一方、原子にマイナスの電子が加わり安定した状態を「還元」と呼んでいる。わたしたちの生体も、個々の細胞や分子、原子のレベルで、常に酸化と還元を繰り返しているわけである。一般に広い概念を含めると**酸化とは、錆《さび》、腐敗、悪臭、疲労、病気、老化、死。還元とは、はつらつ、若返る、生育、賦活《ふかつ》、蘇生、元気、活気という状態の意味を表す。**いずれも負の電荷をもつ、電子の存在が大きく影響していることになるのである。

からだの61%を占める酸素

人体の約70%は水分である。つまり水素と酸素の化合物だ。ちなみに70kgの体重の成人の場合、実に61%、つまり約43kgは酸素原子で構成されている。すなわち人体を構成する元素のうち、最も多い元素が酸素なのだ。

酸素ほど生体の様々な機能を調整する、大きな役割を担っている元素はない。マラソン選手がゴール後に、グラウンドで酸素補給を受ける光景をよく見ることがある。過度の疲労、酸素欠乏症状などにも、酸素ガスの吸入は顕著な効果を発揮する。

酸素は大部分が肺と、さらに皮膚からも吸収される。

ふつう空気は口腔から気管を経て、肺に達し、肺胞で酸素と二酸化炭素のいわゆるガス交換を通すことによって、血液に酸素が供給されている。

酸素はまず血液中の赤血球、ヘモグロビンの鉄原子に結合して、心臓・循環器系の大・中・小・細のさまざまな太さの血管の中を流れ、全身の各種の臓器、器官、組織、細胞まで運ばれていく。

酸素と、とくに関係の深い細胞の器官はミトコンドリアである。ここで酸素はシトクロムオキシターゼなどの酵素によって水分子まで還元されていく。

これを酸素呼吸といい、この過程で高エネルギー物質といわれる、ＡＴＰ（アデノシン三リン酸）が産出され、生体の熱源である活力エネルギーとして使われる。

酸素原子は、水のほかにタンパク質、核酸、糖、細胞膜などの生体成分として生命に欠かせない元素である。

活性酸素と戦うＳＯＤ

酸素はからだに欠かせない物質でありながら、摂取されるその約２・３％は、活性酸素と呼ばれる不安定で反応性の高い化学種に変化する。

活性酸素は、体内で酸素の一部が変化して発生する。細胞膜や遺伝子を破壊する作用があり、反面生体の免疫機能に深い関わりがある有用物質である。

当然、過剰の発生は人体に好ましくない。

活性酸素を作り出す要因は、酸素ばかりだけではない。

要因としては、ほかにも紫外線、放射線、一酸化窒素、過酸化物、大気汚染、化学肥料、医薬品、食品添加物、残留農薬、虚血、金属イオン、ストレスなどいろいろあげられる。

一般に活性酸素は、スーパーオキシドアニオンラジカル（$\cdot O_2^-$）、ヒドロキシルラジカル（$\cdot OH$）、一重項酸素（$^1O_2$）、過酸化水素（H_2O_2）、脂質ラジカル（L）過酸化脂質（LOOH）、一酸化窒素（NO）などが主に知られている。

このような活性酸素が、老化やガン、生活習慣病の引き金となり、細胞の遺伝子を損傷させ、炎症などの弊害をもたらすため、恐れられているのだ。

しかし**生体には活性酸素に対する防御機構も備わっている。それが物質として体内に存在するSOD（スーパーオキシドジスムターゼ）である。**

スーパーオキシドアニオンラジカル（$\cdot O_2^-$）は、酵素であるSODにより過酸化水素（H_2O_2）、と酸素（O_2）に分解される。

過酸化水素は、さらに鉄やマンガンを含む酵素のカタラーゼや、セレンを含む酵素の、グルタチオンペルオキシターゼなどにより水と酸素に無毒化される。

ここでの活性酸素とＳＯＤとの関係は、酸化と還元の関係にあり、したがってこのバランスの低下とは、からだ全体の電位バランスの低下であると言い換えることができる。

ところで酸素は悪物なのか？

人はなぜ病気になり、そして治るのであろうか。

そんな素朴な疑問に対し、一つのキーワードになるのが酸素である。からだにとって酸素はとても大事な元素である。

最近とみに、酸素の毒性、いわゆる活性酸素に話題が集中している。そこでは酸素はすべて猛毒というイメージが作られつつある。

でも決してそうではない。**酸素にも正負・陰陽がある**のだ。ここでもう一度、酸素の名誉挽回のために振り返ってみよう。

酸素は金属元素ではないが、大部分の生物にとっては、必要不可欠な元素であることに異論はない。大気に酸素が存在しなかったら現在の生物は生きていけなかった。

酸素の重要性を物語る、あるニュースがテレビで紹介されていた。

それは電力会社の健康管理センターの研究者がまとめた報告書だが、有酸素運動を毎日続けている人は、やらない人に比べ、発ガン率が非常に低いというものだった。

酸素は活性酸素になり、ガンを誘発するといわれながらも、ここでの酸素はガンを抑えるという、まったく反対の成果が報告されているのである。

いったい、これはいかなる理由によるものなのだろうか。

ここに陰陽のカギがあり、実はこの辺に、**生命が進化とともにたどってきた、大気酸素との戦いの歴史の中で培われた、細胞レベルでの順応と防御のメカニズムが秘められているの**である。

現実に、救急患者にとって酸素吸入処置は重要である。また呼吸器系疾患にとっての在宅酸素はいまでは大事な治療法になっている。

ジキルとハイドの酸素

「ジキルとハイド」とは、物語の登場人物としてのみならず、善と悪、二重人格の代名詞としても使われている英文学の古典である。二重人格としては、酸素もまた同じである。

つまり酸素は毒と薬の両面を持ち合わせている、これが正負・陰陽の掟だ。

酸素は生命にとって必要不可欠である。しかし、その酸素が場合によっては生命を脅《おびや》かす恐怖になっている。それが活性酸素と呼ばれているものだ。

酸素が変化して作られる活性酸素に過酸化水素がある。一見、聞き慣れない言葉と思うが、その毒性は殺菌や消毒に活用されている。コンタクトレンズの保存液の消毒薬に、また３％水溶液は通称、「オキシドール」という医薬品として知られている。

人間をはじめ、ある種の生物は「悪い酸素」の毒を、逆に生体防衛に利用している。代表的なのは白血球だ。その一種である大食細胞には、侵入した細胞を取り込み、活性酸素をわざわざ自ら製造し、それらを用いて侵入してきた悪い細菌を破壊するといった機能がある。

活性酸素は非常に反応性が高く、近辺の有機化合物と反応して、それを暴力的に破壊する働きがある。

したがって、これらの毒性をよい方向に使えば、細菌性の病気は治癒できるし、逆に過剰に生産し悪い方向に作用すると遺伝子を損傷することになるのである。

その制御スイッチのＯＮとＯＦＦの判断は、体内の酸素センサーが握っている。

しかしその酸素センサーと、細胞膜内外を走るイオン・シグナルと、その統制メカニズムの電気系統は電子が握っている。

いずれにしても電子不足の状態にある活性酸素を、より毒性の少ない化合物に変換してやることが大切なのだ。

細胞の中に進化の歴史が見える

さて、酸素呼吸に至るメカニズムは、嫌気性《けんきせい》から好気性の生物進化のプロセスに準じて、そのまま細胞内の諸器官の働きに投影されている。

一つの細胞器官、ミトコンドリアの備える機能は、嫌気性の生物を土台として好気性の生物が誕生した進化の歴史を物語っている。

生命のエネルギー発祥源は、最初はその細胞質を囲む膜の外から出発し、そして中の透明なゼリー状のカプセルに至り、ミトコンドリアの小器官が重要な役割を担う。

このミトコンドリアの役割は、よくガソリンや空気の酸素を燃料にした燃焼工場や溶鉱炉、エンジンなどに喩《たと》えられている。

形はちょうどエンドウ豆のようで、やはり外壁は薄い膜によって覆われている。内側は幾重にも膜で仕切られている。

このミトコンドリアは、ふつう一個の細胞の中に数十個あり、とくに肝臓では５００〜２０００個以上も存在する。

数ミクロンという小さなサイズの細胞の中で、このミトコンドリアは日夜、静かに熱く活性エネルギーを作り出している。もちろん人間の目には見えない小さなミクロの世界のことだが、一時も休まず、あなたのからだの中で、働き続けている。

ミトコンドリアとＴＣＡサイクル

ヒトが活性酸素の害によって、病気になり、老化するという現象は、すべてからだの細胞レベルの問題である。

その60兆個の細胞と、さらにその中の数十個のミトコンドリアが受け持つ作業に、生物と酸素の古い歴史の記憶がしっかりと刻まれている。

自動車は燃料のガソリンと空気、すなわち酸素を混合して圧縮し、点火、爆発して動いている。人はブドウ糖やタンパク質と脂肪、そしてやはり酸素を燃やし、酵素の手を借り動いている。

しかもこれらの栄養素は、20段階ほどのステップを経て少しずつ分解され、その分解する過程でエネルギーが作り出されている。

前でも述べたことをおさらいの意味で説明するが、タンパク質、ブドウ糖や脂肪が分解されることでエネルギーを産出し、このエネルギーを蓄電池のようにため込み、電線を通して家庭に送る発電所に相当するのがアデノシン三リン酸という生体分子である。略してＡＴＰと呼んでいる。

口から摂取された栄養素は、消化器系の胃を経て腸で吸収され、肝臓を通って血液の中に入り込む。

そして各細胞膜のイオンチャンネルを通過して、細胞の中に取り込まれていく。

細胞に取り込まれたブドウ糖は、さまざまなステップを経てピルビン酸という物質に分解され、細胞中のミトコンドリアに取り込まれ、ここでエネルギーに変換される。これを「クエン酸サイクル」あるいは「ＴＣＡサイクル」と呼んでいる。

同様に、細胞中に取り込まれた脂肪も、最終的には、このＴＣＡサイクルによってエネルギーとなる。

エネルギーは、からだの活動や機能によって、ブドウ糖や脂肪の使われ方に違いが出てくる。一般に軽い運動や心臓を鼓動させたりする運動は、主としてこの脂肪のルートを使うが、神経細胞を使う計算や学習などの大脳活動や、あるいは激しい運動では、ブドウ糖のルートが使われる。

ブドウ糖は毎日の食事の中で、炭水化物である米飯やパンを口から食べることで吸収されるから、主食は大切なエネルギーの素になる。

このようなエネルギーは、前述したＡＴＰという蓄電池に蓄えられるが、ブドウ糖の1分子からは38個のＡＴＰが取り出され、1個で約8カロリーのエネルギーが蓄えられる。

ただ、このＡＴＰの寿命は短く、できたと思うとすぐにエネルギーを放出して消滅してしまう。だから絶えずブドウ糖や脂肪を供給して、ＡＴＰを生産し続けなければならない。

栄養素は酵素の力を借りて複雑な経路で水素を取り出し、この水素からの電子をミトコンドリア内でやり取りし、その電子の流れでエネルギーを生産している。

免疫という偉大な戦士

生命のドラマ、たとえば免疫機能もその一つである。

わたしたちは、さまざまな細菌やウイルスなどの病原菌、またカビや埃《ほこり》、煤煙《ばいえん》などの異物に常に曝《さら》されている。そして、これらは呼吸するたびに大量に体内に侵入し、また皮膚に傷があると、そこからも体内に入り込んでいく。

これらの病原菌や異物が体内に入っても、すぐに病気にならないのは、私たちのからだには、これらの外敵に対する防御システムというべきものが備わっているからだ。これが「免疫」というシステムである。

血液は血清と、ドロドロの粘り気のある赤血球や血小板、白血球などでできている。

血液の役割は、全身へ栄養と酸素をくまなく供給し、炭酸ガスや老廃物などの排出物を速やかに回収することだ。

また、そこには免疫抗体を含み、体内に入った病原菌を殺すなど、病害から生体を守る働きをしている。

白血球は、赤血球とともに血液の主要な成分だが、白血球は炎症性や細菌性の病気治癒でとくに重要な働きをしている。

白血球にはいくつかの仲間がいて、その役割は体内に侵入した病原菌や異物などを活性酸素で殺したり、無毒化することだ。

その仲間とは、好中球《こうちゅうきゅう》、単球、マクロファージと呼ばれる食細胞（貪食細胞）、好酸球《こうさんきゅう》、好塩基球《こうえんききゅう》、リンパ球のことである。

とくに好中球の殺菌力は強く、病原菌の侵入があると消防士のようにすぐに現場にかけつける。そして、マクロファージもすぐさま病原菌に活性酸素や分解酵素を振りかけて相手を退治し、ときには自分の中に病原菌を取り込んで活性酸素の攻撃をしかける。

またリンパ球には「免疫抗体」というものがあり、一度戦った病原菌や異物の特徴を記憶していて、それらに二度と襲われないようにからだを防御する。

この活性酸素は血液の多く集まる肝臓でも使われる。

肝臓では、体外から入ってきた有毒物質や薬物を各種の酵素によって解毒するが、この時、酵素は活性酸素を生成し、それを毒物や薬物に振りかけて、からだに対して無毒な物質に変えるのである。

細胞自身は小さな生命体である。

血液の白血球も赤血球も独立した細胞である。

この膨大な量の、かつさまざまな種類の細胞が一糸乱れずコントロールされて、人間を運営している。

60兆個の細胞は、その中でそれぞれの使命と役割を分担し、さらに凝縮された一生命体として健康に活動できるように、有機的にネットワークされた生命機能を備えているのである。

免疫とは、生体の正負・陰陽のメカニズムを熟知した、偉大な戦士なのである。

スカベンジャーと金属イオン

さてスカベンジャーと言えば電子も一役を担う。

電子といえば、そのやりとりは専門用語で〈電子移動反応〉という。

前述の**SOD（スーパーオキシドジスムターゼ）の代表的なミネラルである鉄や銅、マンガンといった金属元素は電子のやりとりを最も得意とする性質を持っている。**

この3つの元素がとくに酸素の生体内での反応、つまり酸素毒の防御機構に深く関わっている。またビタミンやポリフェノールなど抗酸化物質も大事だ。

これらの元素は、酵素の生体内での反応、活性酸素の毒性を防御する電子のメカニズムに深く関わっている。

たとえばわかりやすい例では、呼吸器の肺胞で酸素のガス交換が行われる際、血球のタンパク質が活性酸素の毒性に犯されないのは、そこに鉄が介在するおかげである。

活性酸素の$\cdot O_2^-$を無毒化する酵素を、スーパーオキシドジスムターゼと呼んでいた。またカタラーゼ、グルタチオンペルオキシターゼなどの酵素もある。これらはからだの中の活性酸素を、それぞれ得意分野で順番に掃除する「スカベンジャー」と呼ばれている。酵素のほかには、ビタミン（C、E、B群など）やその他の抗酸化物質（カロテノイド、ポリフェノールなど）がある。

このスカベンジャーが働きやすい環境をつくり出すにも、金属イオンはとても重要で、オリンピックでいえば金、銀、銅であるが、スカベンジャーにとっては亜鉛、鉄、銅、マンガン、セレンといったところだろう。

興味深いことに、**これらの金属元素は、地球の海の深底に、そして熱水の周囲に存在し、生命の誕生に大いに貢献した貴重なミネラルなのである。**

そこで溶解した金属イオンが、今なお現代人の病を癒す還元力としての電子補給に、極めて重要な役割を担っていることは誠に不思議といわざるを得ない。

からだに溶けている陰陽の水

からだにとって電子の重要性は、空気の酸素だけの問題ではない。

からだの70％を占める水は、酸素と水素の結合分子H_2Oであり、とりわけ水分子との関わりが重要なのである。

今までの水の研究分野の中心は、酸・アルカリや、水溶液の有機化学の分野が大部分を占めていた。

しかし最近は、新しい水理論、たとえば水の電気化学の体系に入る研究分野が注目される。とくに**水と電子の関係を探求する研究は、健康と物理学の溝を埋める役割を担っている。**

水と荷電粒子イオンにおける研究は、この分野の草分けであるドイツの物理学者・ネルンスト（Nernst）がよく知られている。

彼は溶液の電気分解におけるイオンの拡散の研究から、水の電離（イオン化）理論を提唱し、次の平衡式の法則を発表した。

$H_2O \rightarrow H^+ + OH^-$

この理論式は、今日では常識的な定説になっているが、水の深い性質を探るうえで貴重な示唆《しさ》を与えてくれた。

ここで彼は、**水から遊離した負イオンOH^-を電子供与体**とした。それまでの一般的な水の常識は、水溶液としての化学物質的なアプローチが主なものであった。

しかしその後、水の解明が進むにつれ、彼の理論は注目されることになった。

さらに自然界において、水に外部から電磁界などの何らかのエネルギーが加わると、水分子は遊離してイオン化し、**陽子（プロトン）と電子に分離する**ことが議論されるようになった。つまり、$H^{+}+e^{-}$である。

こうして、水の性質を左右する正負・陰陽、すなわち水素原子の関与があらためて深く認識されるようになったのである。

また水にγ《ガンマ》線などの放射線を照射すると、水は$(H_2O)^{-}$にイオン化される。これはポーラロンの学説といい、ポーラロンとは複合粒子を意味する。

同様に水に電気エネルギーを付加すると、水は電子を受け取り、さらに進んだ負イオンを含んだ水になる。

すなわち

$$2\cdot(H_2O)+2e^{-} \rightarrow 2H_2 \rightarrow + 2OH^{-}$$

である。

これは水に外から電子を付加することで、水溶液から水素ガスが脱気し、ますます負イオンOH^{-}が遊離することを意味する。

この現象は一般に、水を電気分解したときに起こりやすく、また、電子水のように水に絶縁体を介して高電圧を付加することでも起こることが推察されている。

しかしOH^-の水酸化イオンがすべて負イオンを代表するものではない。

水には加えられた電子供与体e^-が、水に溶けている各種の分子、溶解金属、非金属、気体分子の構造に、複雑に関係することが予想されるからである。

人体のMRI画像は水素の陰影

磁《じ》気《き》共鳴《きょうめい》画像《がぞう》法《ほう》、（magnetic resonance imaging：MRI）とは、核磁気共鳴（nuclear magnetic resonance：NMR）現象を利用して生体内の内部を画像情報にするもの。

被験者に高周波の磁場を与え、人体内の水素原子に共鳴現象を起こさせて反応する信号を撮影・画像化する仕組みで、水分量が多い脳や血管などの部位を診断することに長じている。

MRIは、からだの大部分を占めている水分子を構成している水素原子の存在を示し、水素の磁気双極子の性質をうまく利用している。

医療用MRIでは、ほとんどすべての場合、水素原子の信号を見ている。ところが、上記のMRIの原理を満たす原子核であれば、すべて画像にすることが可能であり、そのような原子核は水素以外にもたくさんある。しかし、それらは水素と比べれば極微量であり、画像にするには少なすぎる。これに対し、水素は水を構成する原子核であるが、人間のからだの

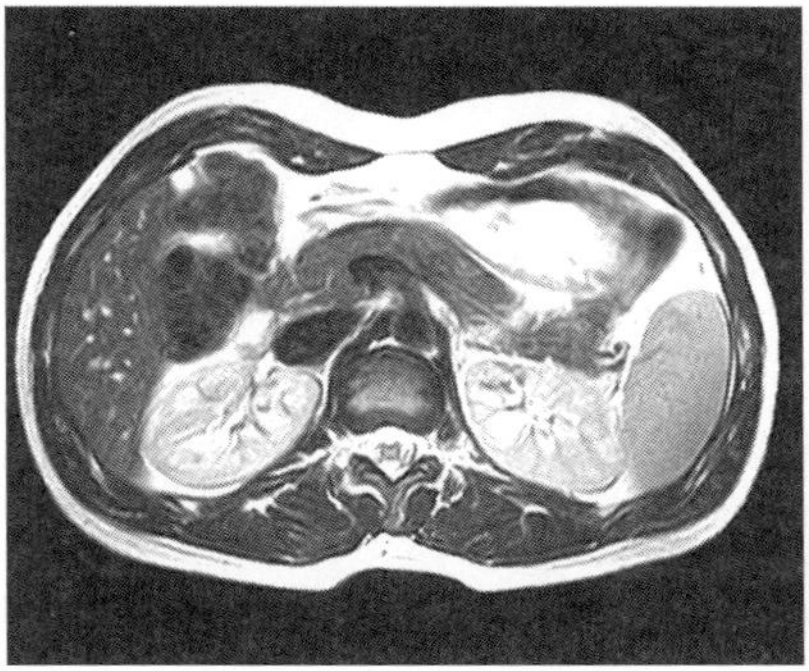
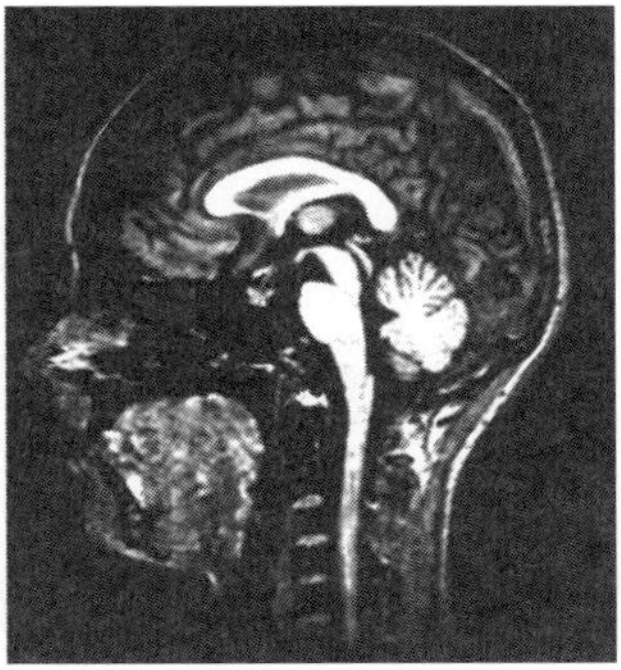

画像にみる陰陽

３分の２は水であることを考慮すると、人間のからだは水素だらけであるといえる。

化学反応とフロンティア電子の理論

一般の読者には少々難しい内容になるが、化学と電子の関係性を示す重要で示唆に富んだ理論があるので、ここに紹介しておきたい（難しければ飛ばしてもよい）。

荷電微粒子イオンや電子と水の関係は、化学反応と電子の理論的背景から、電子供与体の元素や電子の数、最外郭軌道の電子の配列によって影響されていると考えられる。

からだの主要な要素である生体の水と、電子の関係を探究するイオンの研究は、医学と物理学の溝を埋めるだけでなく、さらに積極的かつ密接に連結する役割を担っているからである。

たとえば１９８１年度のノーベル賞を受賞した福井謙一

博士の学説に「フロンティア電子理論」がある。このフロンティア電子理論とは、いうまでもなく化学反応と電子の関係に言及した学説である。

水に限らず元素は、電子構造と電子反応で決定されている。ここで電子反応と求電子的反応が起こるのは、最高被占軌道（HOMO）に属する電子密度が最も大きい位置、また求核的反応が起こるのは、最低空軌道（LUMO）に2個の電子が配置された時に、その時の電子密度が最も大きい位置とされている。

ラジカル的反応の場合はHOMOとLUMOのそれぞれに電子が一つずつ配置された時に、その二つの電子密度の和が最も大きい位置などと考えられている。

つまり、2n個の電子がn個の分子軌道に入っているとき、電子の入っているn個の軌道を被占軌道といい、それよりも軌道エネルギーが高く電子の入っていない軌道を空軌道と呼んでいる。最高被占軌道HOMOと、最低空軌道LUMOをフロンティア軌道といい、その軌道を占める電子をフロンティア電子と呼ぶ学説なのである。

ここで述べられている**σ《デルタ》電子、π《パイ》電子について、それぞれ電子の構造と役割が、からだの元素のうち、酸素に次いで多い炭素元素に影響し、さらに新たな水のコロイド荷電や原子世界を決定づけている**と考えられる。

生体水分子と電子

生体内の結晶水は極性分子で成り立っている。つまり常にプラス（正・陽）の電荷を帯びた正物質、それにマイナス（負・陰）の電荷を帯びた負物質が存在する。**からだの中は結晶水からなり、さまざまな元素で構成された極性分子が複雑にかつ有機的に連携を取り合っている。**もちろん電荷を帯びたガス状の分子やミネラル物質、栄養素、水の分子も見逃せない。私たちが飲む水にもその正負エネルギーの電場が潜んでいる。

また水素と酸素の水には、そのほかに二酸化炭素や窒素の溶解気体をもっている。さらにごく微量の鉄や炭素、ナトリウム、カルシウム、マグネシウム、亜鉛、マンガン、塩素などが溶けている。

しかも**水に溶けているさまざまな物質は、イオン結合の〈クーロン力〉によって結びつけられ、それぞれ物質は〈誘電率〉をもっている。これは電気の流れ具合を意味する。**

また水は原子モデルによれば、水素結合によって長い連鎖の結合分子をもっているが、この際、水素原子の電子は酸素原子の電子軌道内を循環する。

この電子は共有電子対といい、水素結合を生み出す静電力でもある。これは電気陰性度と呼ばれ、その原子のもつ陰性度の大きさで電気的な偏りを生じる。

水分子では大きい酸素の方向に小さな水素が引き寄せられている。ここでO-H間の結合には104・5度の角度があるので、分子全体として電気的な偏りを持つことになる。

さてここに電磁界エネルギーが加わると、正電荷の水素と負電荷の酸素の結合に影響を与え、水の性質は変化する。

もちろん電気陰性度の大きいフッ素（F）や窒素（N）の原子や、横並びの無極性分子である二酸化炭素O-C-Oなどにも、ほかの金属イオンや気体同様、電子軌道に影響を与えることになる。

たとえばふつうの家庭に設置されているような電解生成水では、二極間の電極に付加する電圧は低く、一般的に陰極側に水素優位で還元反応型の分離水ができる。

単極型あるいは双極一体型の電極性の特徴をもつ電子を付加した場合、生体内の水は電子e^-を適度に保持した分子構造のコロイド結晶となり、体内を血液に乗って循環し、さらに細胞膜内外の体液、電解質液となって円滑に補給、排泄する生体の調和水に変わるのである。

当然、このような体内の水は、さまざまな食物や飲用水の摂取、外的なストレス要因によっても変化する。酸・アルカリのpH値だけでなく、酸化還元電位（ORP）などにも影響を与えるのだ。

食品と酸化還元電位

食品にはカロリー源としての主要成分である脂肪、タンパク、糖質のほかにミネラル、ビタミン等の微量栄養素を含んでいる。これらの成分の複合作用の結果として、食品固有の酸化還元電位を示す。

たとえば主食のお米（ご飯を水に溶かした状態）は２００mV近辺（プラスマイナス１００mV）の値を示す。

肉、野菜類は１００mV近辺（プラスマイナス１００mV）の値を示す。

食品の品種によって電位の値が異なり、また同一食品の中でも値に広がりがあるのは、含まれる成分の相違によるためだ。

一般に、緑茶は酸化還元電位が低く、70mV前後の値を示す。この理由は緑茶に含まれるカテキンという成分のためであると考えられる。

漢方薬として用いられる薬草のほとんどは、低い酸化還元電位を示す。

また**有機農業（無農薬有機肥料）野菜の多くが、低い酸化還元電位を示すと言われている。**

つまり**病気の発症に、大きく関わる活性酸素の害を軽減するには、水や空気と同様、摂取するミネラル、栄養素なども正負・陰陽のバランスの面から検討することが大切なのである。**

前述したように東洋の知恵では、からだの証《しょう》（病状や健康状態）に見合った、陰陽の性質を含む、穀物や野菜、果物などを摂取する習わしがあり、すでに歴史に培われた、正負・陰陽の理論に沿った食習慣を貫いている。

酸化と還元は、すなわち正負・陰陽の理論と同一なのだ。

人体の酸化還元電位

人体にも酸化還元電位がある。主としてからだの一部を構成する、さまざまな体液の酸化還元電位のことだ。

体液には汗、涙、血液、尿のほかに唾液《だえき》、リンパ液など基本的なものでも20種類以上ある。体液以外でも、臓器や筋肉、骨等も理論的には酸化還元電位は存在するはずである。しかし、試料の採取や非侵襲《ひしんしゅう》で測定することは困難なものがある。

人のpH値に関しては、体液についての多くのデータが揃っているが、酸化還元電位のデータはあまり多くない。

体内の酸化還元電位とpH

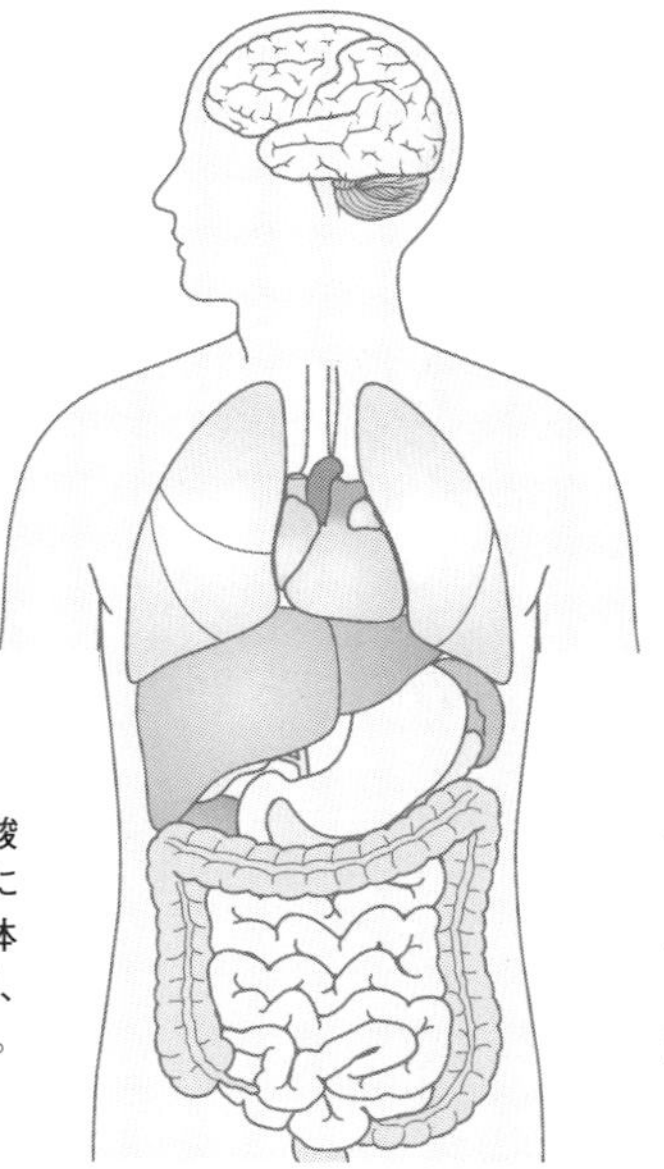
口〜胃　+150mV
十二指腸・空腸
-50mV
回腸　-150mV
盲腸・直腸
-200mV 〜 250mV
※ pH同様、体内の酸化還元電位も部位によって異なります。体の中心内部になるほど、低電位になっています。
脳脊髄液　7.32 〜
唾液　7.46(7.4 〜7.6)
汗　3.8 〜 6.5
血液　7.36 〜 7.44
人の乳　7(6.8 〜7.4)
胃液　1.5 〜 8.5
膵液　8.6 〜 8.8
尿　3.5 〜 7.8
精液　7.4(7.1 〜7.4)

酸化還元電位（Oxidation-reduction Potential：ORP）とは、測定する溶液が、ほかの物質を酸化させやすい状態にあるのか、還元させやすい状態にあるのかを示す指標のことです。プラス（酸化）とマイナス（還元）で表され、単位は mV です。プラスの数値が大きいほど酸化力が強く、マイナスの数値が大きいほど還元力が強いことを示します。

参考：『腸内細菌の話』　光岡知足 著（岩波新書）
『よくわかる酸塩基平衡』　諏訪邦夫 著（中外医学社）

その理由は、体液についてＯＲＰ（酸化還元電位）測定の困難さによると思われる。

一般のＯＲＰメーターは測定に際して、表示数値の確定に、最低でも１分程度の時間を要するが、体液を試料採取して、いざＯＲＰを測ろうとすると、その間に試料の性質が変わってしまう。

体液には多くの生理活性物質が含まれ、時間とともにその活性が失われるからだ。空気に触れることによる、溶存酸素濃度の変化も無視できない。

しかし近年の研究によれば、体液の種類によって固有のＯＲＰ値を示し、また個体差や人によってＯＲＰ値に大きな差があることが理解されてきた。

たとえば尿と唾液のＯＲＰの一般健常者の平均値は、それぞれプラス１００mVと70mVという測定結果が得られている。すなわち両者とも通常の水の電位に比べて、２００mVも電位が低い上に、唾液は尿に比べて70mV低いことがわかった。

個人差については、平均値プラスマイナス２００mVの広がりをもって分布している。体液の種類による電位差や、個人差、そしてこれらの値の時間的な変動は、人体の状態について多く情報をもたらしてくれる。貴重な測定の結果である。

第6章

生命リズムと酸とアルカリ（水）

……ホメオスタシスと陰陽の法則

水素イオンが癒しの力を握る

生命のリズム、つまりからだの恒常性は一般に「ホメオスタシス」と呼ばれている。これは「まえがき」で述べたとおりである。

「ホメオスタシス」は、からだが変化したときに、また元の最も望ましい状態に戻るような作用・働きで、生物のもつ重要な性質の一つである。

創傷の修復などのほか、生体機能の多岐にわたっている。

とくにからだの健康にとって大切な指標になってくるのが「水素イオン」である。すべて細胞は、水素イオンの意味するところの酸とアルカリのバランス、つまり〈pH〉の支配下にある。

酸とアルカリが適正に保たれていると、からだは最も良好に維持される。

この重要な酸とアルカリのバランスを担う元素、それが水素なのである。

また有毒の活性酸素と、拮抗《きっこう》した働きをもつのも、また水素である。

いままでにも酸やアルカリという言葉は本書の記述の中によく出てきた。

私たちの生活の周りでも、肌のpHとか、食べ物のpHとか、水道水の電気分解でつくる水の

pHとか、いろいろ知られている。聞き慣れた言葉であるから、もうほとんどの人がご存じのことと思う。

しかし、あらためて語句の意味を考えてみると、理解が不十分であることも否めない。酸というと〝すっぱく〟、アルカリは〝甘い〟あるいは〝苦い〟ものなどと連想しがちであるが、それは正しくはない。

小学校の高学年になると、理科の時間では、酸とアルカリについて学習する。その時、よくリトマス試験紙を使ったpHの実験をしたことを覚えている方も多いことだろう。

いろいろなものを水に溶かし、リトマス試験紙を入れてみると色が変化する。

たとえばレモンの汁のように、青いリトマス試験紙を赤く変えるものを酸性という。

また石鹸水は、ヌルヌルしているが、赤いリトマス試験紙を浸すと青色に変化する。それがアルカリ性である。青も赤も変えないのが中性である。

代表的な酸性の水溶液は、塩酸、ホウ酸、炭酸水などがあり、アルカリ性は、アンモニア水、水酸化ナトリウム水溶液、中性は食塩水、砂糖の水溶液などである。

もしリトマス試験紙がなくても、自然の材料で酸とアルカリを調べることができる。

紫キャベツの紫の色素は、酸性の液の中では赤くなり、アルカリ性の液の中では、緑色になるという性質をもっている。中性の液では変化しない。またアサガオや、アヤメの花のしぼり汁、あるいはナスなどの色素でも酸性、アルカリ性を調べることができる。

さらにカレーの中に入れる、黄色いカレー粉を水で溶かし、その鍋の中にコーヒーの濾《ろ》紙《し》、ペーパーフィルターの白い紙を入れ、黄色く染色させた後、その紙を乾燥させる。それでれっきとしたリトマス試験紙の酸とアルカリの判定試験紙ができる。黄色いカレー粉の主原料は、ウコンの粉に含まれているターメリックという成分が、酸やアルカリに反応して発色するからである。

酸・アルカリとは、簡単にいえば水溶液に溶けた水の性質であり、酸性、アルカリ性の程度を表し、0から14までのpHの数字で表す。

おわかりと思うが、中間の7が中性、それより数が8、9……と大きい方向をアルカリ、6、5、4……と小さい方向を酸性と呼ぶ。

それぞれ数値が増大および減少するにつれ、弱から強のアルカリ性や酸性になる。pHにはふつう何も単位はつけない。

意外と思われるのはアルカリ飲料、アルカリ食品とされる各種の果汁やぶどう酒が、酸性であり、酸性食品とされるビールの酸度が弱いことである。

これは物質の酸度、アルカリ度が、体内に入って酸として働くかアルカリとして働くかは必ずしも一致しないということを意味する。

また酸、アルカリなどの水溶液には電気を通す性質がある。電気回路を点検するときのテスターと、豆電球、電池などを使って調べると、ふつうの水と違い、電気をよく流す性質をもつ液体であることが観察できる。これを一般に〈電解液〉という。

またペーパータオルに食塩水を染み込ませ、両端に電極をつける。続いてフェノールフタレイン溶液を両端に数滴つけ、その後、電極を電源につなぐと、片方の極にアルカリ性の微粒子イオンが集まり、その部分は赤色に変化する。これは一種の電気分解である。

pHと正負・陰陽の法則

pHは、そもそも〈水素イオン濃度〉を意味する。

１９２３年、デンマークの化学者ブレンステッドとイギリスの化学者ローリーは、水素イオンを放出する物質を「酸」、受け取る物質を「アルカリ（塩基）」と定義した。

水の分子式はH_2Oで、H^+の水素イオンとOH^-の水酸化イオンに分かれる。

ふつうの水は、そのほとんどがH_2Oという非常に安定した分子の集団で存在するが、ごく一部が、水素イオンH^+と水酸イオンOH^-というイオンの形で存在する。

実は、この水素イオンと水酸化イオンとのバランスが、pHを決定する大事な要素になる。

水素イオンのほうが多い場合は酸性、水酸イオンのほうが多い場合はアルカリ性になる。

そもそもpHの定義は水素イオンを、モルまたはグラムイオンで表して、それの対数にマイナスをつける。

だから水溶液の酸性、アルカリ性の性質は、実は水素イオンの濃度、つまりその水溶液に、どれだけの割合で水素イオンが含まれているかを示しているのである。

温度が一定であれば、どのような水溶液でも、つねに、水素イオン濃度と水酸化イオン濃度との間には決められた関係が見られる。

したがってH^+あるいはOH^-のどちらか一方の値を知れば、他方の値もわかる。そこで、実際にはH^+だけを測定し、これをpHの目安とする。

ヒトの血液はpH＝7・4と弱アルカリ性に保たれている。からだにとっては±0・04のわずかなpH変化が大きな出来事になる。

つまり**水素イオンの濃度の中にも、正負・陰陽の法則があるということである。**

一般に化学的な中性は７・０だが、ヒトの血液では７・４が陰陽バランスの基点になる。したがってアルカリ方向は陰、酸性の方向は陽である。

電解水でも、アルカリは陰電極に、酸は陽極に作られる。

また水素は陰電極に、酸素は陽電極に発生する。

からだにとっては、陰陽のバランスは大きな影響をもたらすことになるのである。

水素は「いのちの素」

ここで水素の由来と、複雑な作用のメカニズムをひもといてみよう。

昔から水素は生命にとって最も基本的な元素であった。

水素の大部分は海洋の水H_2Oとして存在する。

海水重量の10・８％で、気体の水素H_2はごくわずかである。

１７８９年に化学者ラボアジェが「hydrogene」と命名したのが初めであると言われている。

「hydro」はギリシャ語の「水（hydro）」に由来する。

水素は宇宙空間に最も豊富に存在する元素であり、最も軽い。

宇宙創成のビッグバンのとき、ほかの元素はすべて水素原子から、核融合反応によって生まれたと考えられている。

水素イオンH^+は陽子（プロトン）そのものである。

一般の都市型水道や混じりけのない水は中性で、ふつうpHは7・0になっている。また、からだの組織のpHは部位によって違うが、それぞれの部位で、正しいバランスを維持することは、細胞の正常な機能を維持するうえで絶対不可欠である。

人間のからだにも、動物のからだにも、pHのレベルを常に監視し、必要に応じて変化させる自動緩衝機能と呼ばれる制御装置が生まれつき備わっている。

酸とアルカリは、イオンの電荷の違いから見ると、原子全体としての正味電荷であるが、酸は正の電荷をもち、アルカリは負の電荷をもつ。

そして電子が動いたときにのみ正味電荷は変化する。酸は電子をもらって中和され、アルカリは電子を与えることによって中和される。電子のこうした働きはそれぞれ、酸化、還元と呼ばれているのである。

だから**私たちのからだの健康を脅《おびや》かす活性酸素への対策は、ほかならぬ水のH２Oの酸化・還元反応や酸・アルカリの水素イオン濃度によって影響を受けるのである。**

突き詰めて考えると、からだは、宇宙の最初の元素である水素の存在に大きく影響を受けることになる。

酸とアルカリの緩衝

生物細胞にとって水素の存在は非常に大きく、水素イオンの濃度の変化は、たとえほんのわずかであっても重い病気を誘発することがある。pHは生物の健康を知るうえで必要不可欠な指標になっている。

からだのバランスがとれていることは大切である。pHバランスもその一つである。もし酸とアルカリが、からだのもつ固有のpHの境界を逸脱したとき、また酸素や栄養素を運ぶ重要な役割のある血液が、そのpHの境界の閾値《しきいち》を越えた場合など、からだに警告アラームが鳴り響く。

健康なからだとは、一般に弱アルカリがよいとされている。

これは血液が弱アルカリであることから、そのような認識が広がったのであろう。しかし皮膚や、消化器系、つまり食物が通過する食道や胃、腸などは、外部から進入する細菌や病原菌から、からだを守るためにpHは酸性に保たれている。だからからだ全体のpH値は一様ではない。

とくに血液のpHのバランスが崩れたりすると、これは生命の危機に及ぶ事態になる。ここでからだのpHが正常域を逸脱しないようにチェックし、そのバランスをとっているのが「緩衝」というメカニズムである。これはホメオスタシスの一機序と理解してほしい。

緩衝はpHの大幅な変動から血液を守る役目を担っており、その主要は呼吸と代謝、とくに重炭酸システムだ。細胞はpHのほんのわずかな変化に対しても、とても敏感である。その理由は、からだの代謝を促進し、反応を触媒する各種の酵素の活動できるpHの範囲が、非常に狭い範囲に限られているからだ。

だから体内のpHを強制的に変えると、大切な酵素の働きが低下したり、停止したりする。60兆個の細胞の中でも、pHの変動の影響を受けやすい細胞外液、血液はそれぞれ固有の緩衝システムを作りあげ、この悪さを防いでいるのである。

肺と腎が担うpHバランス

では**その悪さを防いでくれているのは、**いったい何なのだろう。

その答えは**重炭酸系の〈代謝性因子〉と〈呼吸性因子〉である。**

そして、この二つの因子によってpHを一定に保とうとする緩衝作用である。

専門的には**肺の呼吸によって調節される呼吸性因子（$PaCO_2$）と、腎臓で調節される代謝性因子（HCO_3^-）によって規定されている。**

からだがpHの異常を感知し、pHが正常に維持できるようにするために、この二つの因子がそれぞれに補佐し合っている。

呼吸性あるいは代謝性因子の異常によって起きる症状は、強アルカリまたは強酸の量の変化が反映し、臨床的には、通称「酸塩《さんえん》基《き》平衡《へいこう》異常《いじょう》」として知られる病状となる。

つまり酸塩基平衡が正常か異常か、もし異常であれば原因が呼吸性か代謝性のものか、あるいはその混合性か、また急性か慢性の状態かを判断しなくてはならない。

治療法には一般に電解質イオンの補液などが当てられる。

生体内の酸とアルカリの平衡関係のもとでは、水素イオン過剰の場合では反応が左へ、欠乏の状態では反応が右へ進むため、結果として正常な体液のpHは7・4前後の一定の値を維持させることになる。この作用が緩衝なのである。

実際に生体内で緩衝に関わっている物質は次のとおりである。

重炭酸系が53％、非重炭酸系は47％を占めている。

重炭酸系では血漿《けっしょう》重炭酸が35％、赤血球重炭酸は18％である。非重炭酸系ではヘモグロビンが35％、リン酸が5％、血漿タンパクは7％である。

生体内では以上の要素がpHバランスを担当し、酸とアルカリの緩衝に関与するのである。

医学的にはこの緩衝系の分析が極めて重要な意味を持ってくる。たとえば HCO_3^- は定義上アルカリで、腎で調節される代謝性の要因を表し、H_2CO_3 は酸で、肺で調節される呼吸性の要因を表す。

したがって**高電位治療によって血液の陰性・アルカリ化を招く理由や、とくに呼吸性では空気の大気圧、酸素濃度、負イオン濃度をはじめ、炭酸系核種の負イオンによってからだのpHバランスが変化を起こす重要な役割を担っている**ことが予測できる。

酸・アルカリの異常で生じる病気

一般にpH異常はアシドーシス、あるいはアルカローシスのいずれかの形態をとる。

呼吸性または代謝性の障害により、酸の増加、アルカリの喪失のいずれかが起こる病的な生理過程を、一般にアシドーシス（acidosis）と呼んでいる。

代謝性アシドーシスの際には、HCO_3^- が減少し酸血症、酸性症となる。アシドーシスは重症の糖尿病や、妊娠中毒症、嘔吐《おうと》、小児の重症消化不良、肺疾患、重症の心臓病疾患などが該当する。

加工食品を中心にとる現代社会の食生活は、からだが酸性に偏る食品が多く、その結果、ストレスや慢性疲労、生活習慣病が多発する。これは全体的に体液のpHが酸性化するアシドーシスに原因がある。

アシドーシスでは、生体は呼吸性の代償により、より多くの空気を吸おうと過換気になり、pHの低下を防ごうとするが、現代の環境下では吸う空気も正イオンが多く、なおさらからだはpHバランスをうまく調整できない。

一方、アシドーシスとは逆の機序により、アルカリの増加か、酸の喪失のいずれかによって起こる病的な生理過程をアルカローシス（alkalosis）と呼んでいる。

これは塩基性症のことでアルカリ血症（alkalemia）と呼ばれている。大量に胃液を嘔吐するなど重症の胃疾患の症状が代表的である。

pHバランスに大きく影響を与えるのが酸であるが、生体内では、炭酸系以外にもいろいろな酸が生じている。その総称を〈固定酸〉と呼んでいる。

具体的には、塩酸・リン酸・硫酸・ケト酸・乳酸などを指すが、これらは炭酸ガスのように肺から排泄できず、腎からのみ排泄されるのでこの名称がついている。

中でも**からだの痛みや、疲労の原因には乳酸が大きく影響を与えている。負電荷イオンや電子はこの乳酸を炭酸ガスと水とにわけて排出する大きな役割を持っている。**

化学と電子の中和理論——からだの還元リズム

体内の酸とアルカリの一方が極端に増加したり、偏っている場合、生体内ではバランスをとるために、相手の力を借りた「中和」という作用も働く。

中和は二つの形があり、化学的には、酸とアルカリの性質の相互が混ざり合い、中性に変化する過程をいう。物理学的には、正の荷電と負の荷電が打ち消し合い、荷電が消失することをいう。

溶液中で、酸とアルカリ物質が反応するのが酸塩基反応で、これは酸化還元反応とともに基本的な現象として広く知られている。

また中和は、きわめて速やかに起こる反応である点に特色がある。中和の反応は、体内のあらゆる元素、分子などの化学物質において日常的に起こり、その結果として病気が起こる、治癒する、悪化するなどの状態が生まれている。

農地も食品も、空気も水も、すべての環境に正物質の要素が多い現在、そこに負物質の要素を尊重する意味はこの中和の論理がベースにあるのである。

空気を吸い、生体は柔らかい筋肉から固い骨格、流動的な血液、ホルモンなど各種の要素、つまり固相、液相、気相の三相から成り立っている。

筋肉組織にたまった乳酸を負イオンが分解し、痛みや疲労を速やかに軽減することや、固い骨に同じように電磁界刺激を加えると化骨形成が進み、骨折が早く治癒することが知られている。

また、**皮膚など傷口に負電荷の微粒子が集まり治癒することや、血液のアシドーシスが電子供与で弱アルカリに変化する様子などは、すべてからだのpHバランスの視点からのバランスの是正なのだ。それは緩衝作用や中和の作用に基づく、正負・陰陽の法則によるイオン平衡の結果であると解釈できる**のである。

いわばこれらはpHという反応に加え、電荷という電気化学の分野で生まれる反応である。

さらには電子付加による酸化還元の電子補給が重なって生じる現象なのである。

科学者のウサノビッチ（Usanovich）が負イオンと生体維持を提唱する背景には、同じように電子の授受も、フリーラジカルでの中和を視野に含めているからだ。

したがって今では、化学の中和と酸化還元の区別がなくなっているのも現実である。

だから**病気の治療について、抗生物質や薬中心の化学思考と、正負・陰陽理論に基づく電子思考の発想に目を向けてみるのも有意義なことだろう。**

そこにからだの病気から回復する還元リズムを作り出す素因が隠されているからだ。

第7章

水が命を蘇生する（水・地）

……癒しの水とは低電位とイオン水

電解質イオンのパワー

むかし米・アリゾナ州の大型ダムの工事現場で働いていた労働者が、炎天下で熱射病を起こし、死亡するという事故がよく報告されていた

そのようなときに、生理学者が塩化ナトリウム、つまり塩と水を与えたところ、その後、その現場では死亡事故がなくなったと伝えられている。

水に塩を加えただけで、衰弱しきったからだを救った、この劇的な出来事は、きっと当時の人々にとって大きな驚きであったに違いない。

ところでそれをヒントに開発されたのが、電解質イオン飲料とされている。スポーツなどで汗をかいた後で、水分を補給するために飲むあの飲料であるが、現在ではさまざまな種類のドリンクが市販されている。

ペットボトルや缶の容器を手に取って、その側面を見ると、そこにはナトリウム（Na）やマグネシウム（Mg）などの電解質成分とその容量が、陽イオンと陰イオンとに分かれて表示されている。

私のからだを襲った真夏の脱水事件

実は水の件では、私には忘れられない思い出がある。それは真夏の苦い出来事である。まだ20歳代の若かりし頃、私は仲間たちと一緒に真夏の炎天下、東京大学の御殿下《ごてんした》グラウンドで野球の試合を行った。

当時、私はピッチャーを任されていた。試合のほうも順調に進み、ちょうど後半戦に入ったところだった。責任あるピッチャーとして夢中でバッターに向かっていた私は、突然、からだの異変に気づいた。

心臓の脈が急速に速くなり、呼吸が乱れ、からだが急に衰弱し始め、耐えきれない疲労感のため、自ら降板を監督に願い出て、ベンチに引き下がったのである。

いまにして思えばたぶん熱中症のような症状であった。喉《のど》は渇き、額や首には大量の汗が噴き出し、腕の汗が乾き始めると皮膚には白い光った乾燥した塩が吹き出ていた。

憔悴《しょうすい》しきったからだをなんとかせねばと思い、グラウンドの隅にある水飲み場に行き、上を向いた水道の蛇口から流れ出る、なま温《ぬる》い水をゴクリゴクリと飲んだのである。

ところが次第に胃袋には重苦しく水がたまっていき、からだが一層、疲労感を増して、ふらふらと戻ったベンチのいすに、バッタリと倒れ込んでしまったのである。健康には自信があった私を、突然襲った真夏のハプニングであった。その時のことはいまでも青春の思い出として残っている。

さて、次に紹介するのは40〜50代での出来事である。

家族旅行でサイパンに行き、息子たちとゴルフを楽しむことになった。予約したゴルフ場に到着し、いざプレーを始めることになった。ところが南国の日照りは生半可な暑さではない。帽子、長ズボン、シャツ、タオルは必需品。話には聞いていたものの、まさに酷暑そのものである。

プレーを始めるにあたり、ふとあの若かりし頃経験した、苦い夏の野球事件が脳裏を横切った。

そこで熱中症や脱水症状の際に飲用する水に思い至った。すでにスポーツ後に飲む水の重要性を認識していた私は、テレビCMで知っていた、スポーツ用ドリンクをゴルフ場の売店で見つけ、ビッグサイズボトルを即刻、購入したのである。

真夏のゴルフ場のコースを回る運転カートの前に、ボトル飲料水の容器を載せ、帽子の端から流れ出る額の汗をタオルで拭いながら、炎天下でスイングするプレーの合間に、それを飲用し続けたのである。

18番ホールを終える頃には、カートに載せてあったジャンボボトルの水はすでに底をついていた。

真夏の南国で、しかも太陽の炎天下で、長時間にわたってプレーしたにもかかわらず、むかし、体験したあの苦しかった熱中症状は起きず、最後まで元気にプレーが楽しめたのである。

これはまさに、スポーツ科学に裏づけされたスポーツ飲料の成果であるとしか言いようがない。水道水と電解質イオン飲料との違いが、自らのからだをもって証明されたのである。

体液バランスを補う電解質イオン水

その違いはいったい何だったのだろう？

その理由は、イオン化つまり電離されたミネラルイオン水の体内吸収のよさである。

それに汗となって出るナトリウムなどの電解質不足を、イオン水によって補っていたからである。

からだの組織にとって不可欠なミネラルの成分が、効率よく溶け込み、からだの渇きをイオン水が潤していたのである。

からだの隅々の、必要とする場所に必要な水分や養分を運搬し、やがて体力を強化し、抵抗力をつけ、自然治癒力を高めていく、これがイオン水の働きである。

もちろんふつうの生活を営んでいる生理環境では、水の補給は水道水や天然水など普段の水で十分である。

しかし人間の生理状況が、過疲労や、調節の極限、病態異常、老化など、ミネラル欠損や水欠乏で生じる生理状態では、単なる水の補給だけではおぼつかない。ヒトの高度な生理調節機構でも追いついていけないのである。

そのようなときイオン水は力を発揮するのだ。

もちろんこのような飲料と同じような電解質は、病院でも点滴に使われていることはご存じだろう。

病院での患者の救命処方の第一に、電解質補液を行うことは常識である。喘息《ぜんそく》、めまい、あるいはショックなど急病の際には、血液のpHが普段より酸性に傾くことが知られている。

したがってそのようなときには、まずアルカリ性電解質の点滴を実施することが慣例になっている。

液体の入ったビニールバッグを高い位置に吊るし、針を腕の静脈に刺すと、細いチューブを伝わって液体がポタッポタッと落ちていく。このようなシーンは、映画やテレビドラマではおなじみだが、実際、友人の病気見舞いなどで病院に行けば、ベッドサイドで見かけるはずだ。

砂漠のように乾ききった地面に、水がスーッと吸い込まれていくように、イオン飲料水は、口や胃、腸の粘膜からからだ全体に速やかに浸透する。もちろん点滴液も血管を経て血液に混じり、直接に深部の組織、臓器・器官の細胞に染み込んでいく。

からだの状態と水の選択には、イオンが大きく関係する。水に備わる性質が、わたしたちの健康に大きく影響するのである。

水が病気を癒す謎

生命の生と死は、私たちのからだの70％をも占めている水と大きな関係がある。60兆個にもなる、私たちのからだを構成している細胞も水の存在なくしては語れない。

その大切な水を起点に、四大文明は海に流出入する河口に発展し、古代文明の存続は、人や動物、農作物にいかに水を供給するかがカギを握っていた。

干ばつに際し雨水の貯留を考え、また河川や沼、湖水を活用したり、井戸を掘って飲料水にしてきた。ローマ時代の水道は代表的な歴史的事実だ。

井戸には古来より神が宿ると考えられており、湧き水の安定や、水の清めなどの水の功用と深く関わっていたと考えられた。とくに水を飲むことで、健康を取り戻した体験者は多くいる。そこに共通するのは山の湧き水、伏流水である。

世界の国々でも、わが国でも、〈魔法の水〉や、〈水処〉といわれる名所の周辺には、火山や温泉、滝が多いことが特徴である。

しかも日本の名水といわれる採水地には、神が多く祭られている。

これらが多くの奇跡を起こしてきた水であるからこそ、そこに小さな鳥居ができ神が祭られたのだろう。

ところで**水質調査を行った結果、これらの水には、火成岩《かせいがん》が関係し、水道水などほかの水よりも、鉱石由来のミネラルやマグネシウムに反応した水素の含む水や、水質にケイ素が多く、一般的に酸化還元電位も低い水であることが知られるようになった。**もちろん水の神秘はいまだ明らかにされていない。

これらの水が、魔法の水として注目された背景には、その水を使った養殖や、染色、発酵、醸造、病気の治療水として民間療法で使われたことがある。

ある水では、当初うなぎ養殖用に使用していたところ、その水を使用したうなぎの成長がよく、調べた結果、人が飲んでも良い水であるということがわかり、養殖場の人たちが飲み始めたのがきっかけとなっている。

水を飲んだ人のガンが治った、アトピー治療に使って効果があった、などと全国から信じられない噂が口コミで広がり、奇跡の水と言われるようになったのだ。

水は陰のエネルギー

東洋の考えでは、**私たち人間、動物の世界は陽性だ。しかし人間、動物の世界は、植物や水という陰性の力によって生かされているとする。**


植物や水は大地という陰性の土壌の中に育つ。大地は空間という陰陽の世界に包まれている。そして空間は光という陽性のものに満たされ、その光の世界は原初の闇という陰性の世界から生み出されている。

地球も私たち人間の世界も生死、流転、つまり陰・陽・陰・陽・陰……という陰陽リズムの中から生まれている。

同じく大気の荷電微粒子のイオンも、瞬間的に生まれては消え、消えては生まれていく。無から有を生むとはこのことなのだろう。無は陰であり、有は陽である。

宇宙で最初に生まれた水素は化学ではH^+で陽のようであるが陰の性質をもつ元素であり、太陽のもとで作られた酸素はO^-で陰のようであるが陽の元素である。

物質には三相がある。たとえば石という固相があり、その性質も違う。その石の岩盤から涌き出た液相の水も、それぞれ性質が異なってくる。

名水百選などというようにわが国にはさまざまな優れた性質の水がある。

その違いは、石の特殊性だ。

石は天空からの宇宙線や放射線、紫外線の電磁波エネルギーによって、断層や岩盤の圧電効果で生み出される電磁波で、物性が変化する。

その石の性質で水は影響を受ける。

そのうえ、**地震や雷、火山の爆発、海流、そして気圧や温度、湿度の変化、磁気嵐、天体運行などで地球上の水は大きな影響を受ける。**

すなわち地球の創世記に作られた地質、地盤、ミネラル（英語で鉱石のこと）、そしてさまざまな自然環境の変化や条件によって水は影響を受けているのだ。

地球はアース（接地）というように、大きな陰が働く場であり、本来、地下の伏流水の水も陰のエネルギーをもっている。

癒しの水と不思議な数字

湧き水は、雨水や列島山脈に積もった雪が解けたもので、長い年月を経て、地球の岩盤の隙間を通過し静かに流出している。

このように地球など、自然の電磁界の作用を受けながら作られる水はとても美味しい。古くから伝わる神秘の霊水、神水、自然水は、その分子構造は細かく、各種のミネラルが豊富で、からだへの吸収率も高いことで知られている。

とくに温泉地や山里離れた川辺、神社の杉木立近くの岩肌からは、よく水が湧き水として流れ出ている光景を見かける。

ガンに罹患《りかん》した患者の病気克服の体験を記した『がん患者学』（柳原和子著、晶文社）には、多くの興味ある体験談が綴《つづ》られている。その中で**共通して出てくる要素は、まず一つに湧き水をよく飲み続けた、二つに緑黄色野菜をよく摂取した、三つに軽い運動を心がけた、**であった。

水を服していろいろな難病を治した患者も多く、水とは本当に不思議なものである。

ここで面白い話題を二つほど紹介しよう。

水分子はH_2O、二つの水素原子と一つの酸素原子で構成されている。

酸素原子をはさむようにして結合している二つの水素原子、その二つの水素原子の結合角は約105度。

古代エジプトのピラミッド。その尖《とが》った頂点の角度も105度。

ちなみに105という数字は、105＝1×3×5×7、1から順に7までの奇数の乗数であるという。

偶数の安定に対して、奇数は不安定、躍動、変化という意味を持つ数らしい。

だから水の結合角105度というのは、たいへん意味深い数字であるらしい。既存の形から離れ、これから新たなるエネルギーを生み出そうとする数であるという。

還元力のある低電位の水を飲もう

人間のからだは、約60兆個の細胞で形成されており、人体の70％を占める水に視点を向けることは極めて大事である。

中でも水を酸化還元電位（ＯＲＰ）の視点で見直すことも重要だ。ＯＲＰの低い水の応用である。

飲料水が口に入ると、水の物性・性質は変わると言う人もいるが、多少、電位が変化したとしても、それはかまわない。

たとえば匂いの分子は、鼻の奥の嗅覚細胞の受容体に接すると、その荷電イオンの信号が神経を伝わり、嗅覚中枢に伝わり、リラックス感をもよおすが、ラベンダーなど香りの分子は実際には、脳には行っていない。

水は液体で、この理屈とは少々違うが、神経を伝わる情報という点では同じ原理である。また水の場合、ごくりと飲んだものが、充分、胃内にも流れていく。

生体内の水を構成する体液、細胞内液、細胞外液、つまり細胞膜を含めた水環境のミクロスフェア、それに末梢《まっしょう》血管を流れる血液に、低電位の水、つまり還元力のある水は重要であると考えられている。

細胞はそれぞれが細胞膜で包まれ、細胞の静止電位では、膜の外側は正に帯電し、内側は負の電荷を帯びている。細胞内外のイオンの電位差を利用して栄養の吸収や老廃物の排出をしている。

この細胞内外の電位バランスが崩れると、細胞の老化だけでなくさまざまな病気の原因の引き金になってしまう。

もし細胞が正の異常な電位を帯び、電位バランスが崩れてしまうと、細胞膜の栄養吸収や老廃物の排出といった、イオン交換機能が働かなくなってしまうからである。

これらバランスの崩れた細胞は、呼吸によって得た酸素ですらも、うまく処理できず、その酸素が活性酸素となって細胞を攻撃、細胞を酸化させていく原因となっていく。

低電位の水、つまり**酸化還元電位（ＯＲＰ）の低い水とは、生体内の正物質がほかの負物質を酸化しやすい状態になるのか、さらに還元しやすい状態にするのかを左右する。**

つまり**低電位の水は還元力があり、さらにe^-が細胞の電子機能性を高め、電子供与でもたらされる細胞、分子、原子構造の安定、つまり活性酸素にスカベンジャー的な役目を担うからである。**

ただ、単純に水が低電位であれば無条件によいというものでもない。生体の消化管内の固有電位は、低い電位でマイナス３００mVくらいであり、これから推察したレベルであるのが理想と思われる。

古くから人間が生活の中で適応してきた自然の水、たとえば岩清水や湧き水などの酸化還元電位は＋１００mV～２００mV位である。

つまり水を酸化還元電位で見ると、私たちが飲んでいた水道水は酸化水であり、それに比べ、お茶や天然水は還元力をもつ低電位水だったのである。

岩盤や自然界の中で育まれた、湧き水や伏流水のような天然水は、還元力をもつ水であると述べてきたが、その理由がおわかりいただけたことと思う。

「健康によい水」を選ぶこと

基本になるのは、からだにとって害のない、酸化反応をもたらさない水であること。**水への要求は、命をつなぐ水から、健康を害さない水、健康によい水、そして病気を予防する水へと変遷している。**

水の性質やからだと水との関わりを知り、理解を深めることは、いつまでも美しく健やかな人生を送るうえでとても大切である。

近年、**美容や健康、医学の世界で注目されているのが、〝水素〟や〝ケイ素〟の働きである。**

奇跡を起こしてきた水について、特別に電気化学検査を行ったところ、これらの水は、火山や多種の岩石、堆積地層が関係し、そこには極めて細かいマイクロ・ナノバブルの水素やケイ素が含まれていた。

たとえば富士山の周辺の玄武岩《げんぶがん》、火成岩《かせいがん》などの岩盤を長年かけて通過してきた水は、ケイ素、バナジウムなど特有のミネラル元素が溶解し、鉱石からの電子放電に影響を受けている。

むかしの火山爆発で起きた火砕流《かさいりゅう》によって、自然の森林が焼却され、たくさんの木炭が重層に堆積し、そこを通過した水は、言うまでもなく自然の壮大な濾過《ろか》装置が生み出す清浄化された飲料水となり、人間の生命力をこの上なく活性化する力を備えている。

とても上質の水で、生理的にもよい電気化学物性を秘めた水の一つである。

さて次に、**水の重要性に鑑みて、理想的な水の性質と特徴**を次にまとめてみよう。

それは、

①ミネラルバランスと構造（吸着と吸蔵）
②体液に近い弱アルカリ、あるいは弱酸性
③界面活性効果（消化管の老廃物や腐敗物、汚れを落とす力、尿や汗の排出）
④酸化還元電位が程よく低い

⑤アクアポリン浸透力が大きい
⑥水素が溶存・吸着
⑦活性酸素除去
ただ、これ以前の問題として
○細菌、寄生虫が混入していない
○重金属や塩素など有害な物質が充分除去されている
○美味しい
などが大切な要件だ。

日本や世界の「魔法の水」と呼ばれる水は、①〜⑦のこれに近い性質を備えている。

天然水は、「山の頂《いただき》の積雪や雨水が、長い年月をかけて地層の中で濾過され、醸成され、水素やケイ素が安定して構造化し、電磁気エネルギーの電子を多く保持した水」がお勧めと言えよう。

水素医学がバイオサイエンスに仲間入り

昨今、水の研究分野では、水素への関心が高い。

確かに水素は生命エネルギーの活動にとって一番大切な元素としての役割を担っている。

それを簡潔に述べると、まず、**水素は生体分子の活性エネルギーであること。ＡＴＰ（アデノシン三リン酸）酵素の産出など水素イオンのエネルギーが大きな影響力を持っていること。**

近年、医学や生物学の研究者は、宇宙が最初に生み出し、生命に宿った水素の片鱗《へんりん》は、60兆個の細胞の機能性に宿っていることに気づき始めた。

これからの医学は、からだの中の水素のメカニズムの解明を抜きにしては語れない。つまり病気の根元を活性酸素に寄せていたが、これからは活性酸素と水素の双方からの視点での研究が重要ということだ。

現在、水素水の研究論文は国内外で２５０編を超え、やっと水素医学は、今日の先進的のバイオサイエンスに仲間入りしたともいえる。

その注目の一つは、極めて悪質な活性酸素の王様格の**〝ヒドロキシルラジカル（・OH）〟だけを選択して消してくれる**という働きである。もちろん活性酸素はそればかりだけでない。

これまでの水素医学研究の代表的なテーマを次にあげよう。

①「活性酸素種を除去」（白畑実隆：九州大学）１９９７年

②「ガン細胞」（三羽信比古：県立広島大学）２００６年
③「美容効果」（三羽信比古：県立広島大学）２００６年
紫外線照射による皮膚傷害を防止。コラーゲン産生促進作用による
④「選択的な活性酸素除去能」（太田成男：日本医科大学）２００７年
⑤「低電位水生成法の原理とその応用」（山野井昇：東京大学）２００７年
⑥「心筋梗塞、虚血再灌流障害を軽減」（慶應義塾大学再生医学・日本医大加齢科学）
⑦「糖尿病」（京都府立医科大学）
⑧「パーキンソン病」（名古屋大学神経科学）
⑨「抗炎症作用」（フォーシス研究所、ボストン）
⑩「パーキンソン病」（九州大学薬学部）
⑪「眼の酸化ストレス」（日本医科大学眼科）
⑫「心筋の虚血再灌流《かんりゅう》障害」（ピッツバーグ大学）
⑬「抗アレルギー作用」（岐阜県国際バイオ研究所）
⑭「メタボリック症候群」（ピッツバーグ大学）

これらの多くは、**電気分解の陰極で精製される水素水、あるいは水素ガスを混入して作る**

水素水による研究が主になっている。

しかし、水素発生方法はこれだけでない。最近では、食べる水素カプセル、水素サプリメント、マイナス水素イオンなどの技術に話題が集まっている。カプセル内には水素化サンゴカルシウムやマグネシウムなどのミネラルが内包されている。

口から飲んだカプセルは、食道を通過し、胃の内部で外包は溶け、露出したその粉末は水と反応して気泡となり水素ガスを発生させる。

その水素ガス発生の観察は、呼気中のガスクロマトグラフで数値化される。

この水素サプリメントの飲用による健康効果や症例による成果は、すでに数多くの体験者の声や医学・臨床医の論文から詳細を知ることができる。

わが国の先駆的な水素サプリメーカーは、現在、臨床医との共同研究で、多くの改善事例を発表している。たとえば、

① C型肝硬変と腎障害
② 心不全と筋疾患
③ 肥満・メタボリックシンドローム
④ 喘息《ぜんそく》・アトピー

⑤腫瘍・がん
⑥そのほか
などである。

さらに臨床医学以外の分野では、水素還元素材による抗酸化、植物への影響と可能性、花に対する生育効果観察など、最近では植物、農業、園芸分野での成果が上がっている。化学的な定義からも、水素は究極の還元剤であり、活性酸素を中和してその酸化力を打ち消すことは今までの実験室レベルでは明らかである。しかし、水素がからだにどのように機能し、作用するかを見極めるためにも、生物レベルでの究明が進めば、ヒト解明の手順として参考になるだろう。

究極的には、医学的・生理学的な理論として解き明かすことになる。しかし理論的、臨床的な解明がなされなければ、水素の健康効果は存在しないというわけではない。

還元水や水素水、あるいは水素サプリメントなどの飲用によるさまざまな健康効果が過去数十年にわたって確認され、数多くの体験報告や水素の研究者が多く存在する事実は揺るがない。いずれにしても、水素は、電気的、化学的、物理的な機能性に基づき、生理的臨床的な面から評価されることは重要である。

体内に入った水素がもたらす美容力と健康力の視点から、期待される水素の特徴と有用性をまとめると次のようになる。

①細胞浸透率が高い

②低電位（酸化還元電位：ORP）で、還元力（電子を与える）が強い。

③解離・電離（イオン化）作用をもつ

④表面張力や界面活性作用がある

⑤酵素、ビタミン、ミネラル、タンパク質などさまざまな栄養素との親和性がよい

⑥活性酸素と結合した後、無害の水となって体外に排出される

⑦活性酸素に浸食された細胞を修復することができる

である。

言うまでもなくわたしたちのからだの中は、実験室のシャーレや試験管による模擬試験とは比べものにならないほど複雑である。

からだのおよそ3分の2は水、つまり体液だ。しかも血液、リンパ液、細胞内外液など、形を変えた結晶水で成り立っている。しかも**60兆個の細胞と5000種位とも言われる体内の酵素やホルモン、そして数百種600兆個にもおよぶ腸内フローラなど、膨大《ぼうだい》な化学反応**

によって生理機能は支えられている。

しかも、健康は、自然の大きな治癒力、免疫力によって保たれている。

この自らを癒《いや》そうとする力こそが生命の証《あか》しであり、その中心をなす、水の還元力はからだの病気と健康に大きな影響力をもたらすのだ。

すなわち、からだが水素の力によって還元力が高められ、さまざまな症状が改善されるのである。

癒しの水。水素、電子。その謎の多い生体空間と細胞の隙間《すきま》に、まだ科学が入り込めない神秘的な力が作用している。

水の研究は、まだまだ科学だけでは語り尽くせない数多くの謎がある。

その謎解きと、水素医学がバイオサイエンスとして発展するために、生命を陰陽学の観点から検証する時代がやってきている。

驚嘆すべき生命元素　――美のミネラル、ケイ素（シリカ）の謎

ところで最近、水素に次いでケイ素に興味が向けられている。

欧米のセレブやモデル、わが国にも美意識の高い芸能人などの間で流行し、〝美のミネラル〟

とも称されている。シリカ水は海外でもとくに著名な女優に人気だ。

ケイ素は「珪素」と書き、英語では「シリカ」、「シリコン」という。地球上に酸素に次いで多く、土に溶け込み、水晶などさまざまな鉱物に多く含まれている。

東洋医学の陰陽五行論《いんようごぎょうろん》では、土は中間的性質を持ち、五行をつなぎ、統合の理《ことわり》を果たしている。

中国に近いモンゴルでは、昔から幼い子どもに土を食べさせるという習慣があるという。まだ人が踏み入れていないような未開の土地に出向き、黄色い粘土を採取し、それを焼いて熱で殺菌して食べさせる。

その土を食べた子供は、みな健康で丈夫なからだになるという。

確かに中国語で「腹」は「肚」とも書き、土がついている。これは「腸」を意味するらしい。

ケイ素の多い土から育つ根菜類、食物繊維が、腸の免疫力を高めることは事実だ。

植物内にケイ素が存在することは、すでに18世紀の終わりに、数人の自然科学者によって同時に明らかにされていた。

土壌からケイ素を活発に摂取する植物は、とくに農作物のイネ科、小麦、えん麦、とうもろこし、大麦、きび、イネなどの穀粉、よもぎ、サトウキビなどがあり、加工製品として、ぶどう酒、ビールなどに多く含まれる。

とくに苔《こけ》、シダ類は地中植物の王様である。また、針葉樹の葉、もみ殻の灰は80〜90％のシリカを含有する。アジアで生息する竹の節の灰も、以前に漢方薬として販売されたことがある。

また不思議なことに、ケイ素の多い種は、念珠、数珠玉、腕輪、そのほかの装飾品をつくるのに用いるという。陶器をつくる時の粘土にも、シリカの植物灰を加えている。

ケイ素の性質を学べば、さらに多くの面白い商品が開発できる。水素サプリと混合したもの、また食品ではハチミツの中にケイ素が入ったものや、まことに驚嘆すべき未来の夢の元素なのだ。

前述したようにいま、ケイ素はとくに女性に注目を集め、健康や美容という分野での活用が期待されている。

その理由は、**ケイ素が、皮膚の中のコラーゲンやエラスチンという美容成分に大きく影響するからだ。つまりアンチエイジング効果としての活用である。**

ケイ素の皮膚における働きを、簡単に述べると、それは住宅の筋交いや鉄筋のように、からだの真皮《しんぴ》の結合組織が丈夫になることで、弾力性のある真皮がつくられ、ハリと潤いのあ

る肌に導くというものだ。

すでに海外の有名ブランドの化粧品には、〈シラノール〉という名称で配合されている。〈シラノール〉は泥パックなどの効用で知られている。

ここで私がよく講演で使用している表の一部を紹介しよう。

①地中海の泥パックの効果はケイ素の美容効果
保湿、再生などのさまざまな美容効果と関係している成分
シワケアクリームに活用

②ヨーロッパでは「妊娠腺」のケアにシラノールを活用

③シラノールは肌の恒常性（正常な状態を保つ）に働く
変性や変化を起こさせない、肌環境を整えて正常に保とうとする力をもつ

④シラノールは皮膚に有機ケイ素を補給する
シワ、たるみをケア、また保湿力が非常に高く、長時間持続
柔軟性・弾力性を高め、潤いのあるハリのある素肌にする

⑤ケイ素は生体の成長に欠かせない物質

また、**ケイ素の学術研究例で有名なのが、〈フラミンガム研究〉である。**

これは米ハーバード大学、英セント・トーマス病院など、英米５機関の共同研究で２８４７人を対象にした。

その調査の結果、**ケイ素摂取量と骨密度に関連性が認められた。**つまりケイ素が、カルシウムより骨を強くすることが判明したのだ。


次に、ケイ素の知っておくべき一般知識を述べておこう。
①地殻で一番多いミネラル元素はケイ素（シリカとも呼ぶ）
②ケイ素（Si）は元素周期表で14番目の元素で、半金属、半導体で使用される
③ケイ素の濃度は水晶（石英）に多く、さまざまな岩石に含まれる
④ケイ素は海の草創期の藻類の化石、火山台地に多い
⑤ケイ素は世界中で採掘できる（ロシア、中国など）
⑥ケイ素は加齢とともに減少する（40歳で子どもの半分）
⑦からだでケイ素が多いところ

骨、リンパ腺、歯、肺、皮膚、筋肉、腎臓、肝臓、脳、睾丸《こうがん》、血液
⑧田畑から採れる穀類や根菜類、植物繊維に多い
⑨浸透力：茶葉への浸透力が高い、養分抽出
⑩抗酸化力：老化の原因となるからだの錆《さび》を防ぐ
⑪界面活性力：油脂分の分解、水溶化
⑫静菌力：悪い細菌、よい細菌の作用区別ができる

またケイ素が不足すると、
・骨粗しょう症の進行、骨折
・爪が割れる
・切れ毛、白髪、薄毛
・老化の進行によるシワ、しみ
・片頭痛
・静脈瘤《じょうみゃくりゅう》、動脈硬化
・ED（インポテンツ）

・認知症の進行、悪化
などの状態が現れることが知られている。

ケイ素でキレイになる！　その5大要素

①ケイ素は水に溶けた状態で摂取することで、体内のアミノ酸や有機酸などと反応して、有機ケイ素としての働きを見せるようになる。

②ケイ素は飲用や肌からの摂取が可能。コラーゲン、エラスチン、ヒアルロン酸、コンドロイチンなどを構成する物質として、結合組織を丈夫にする働きがあるため、皮膚吸収は肌にとって効果的（保湿、再生、ハリ・弾力性、潤い、シワ、たるみ改善、柔軟性）。

③不足すると爪や骨がもろくなり、髪の毛が細くなる。

④ケイ素は生体の成長に欠かせない物質。加齢や紫外線等による減少は、肌年齢と密接に関係。

⑤吸収性の良い水、栄養素などと組み合わせればより期待できる。

ケイ素は元素の周期表の14族にあり、左の正イオン群と、右の負イオン群の中間にある。半金属として、その特性を踏まえ面白い性質をもっている。

16族	17族	18族
		2 He ヘリウム
8 O 酸素	9 F フッ素	10 Ne ネオン
16 S 硫黄	17 Cl 塩素	18 Ar アルゴン
34 Se セレン	35 Br 臭素	36 Kr クリプトン
52 Te テルル	53 I ヨウ素	54 Xe キセノン

泥中の古代蓮と銅剣の奇跡

わたしは講演で、日本全国を回ることがある。

これは島根県玉造《たまつくり》温泉の周辺都市で講演したときのエピソードである。

講演会の終了後、開催役員の責任者、M・Yさんから、「先生の講演は、女性にとって、とてもわかりやすく興味があるものでした」とのお褒めの言葉をいただいた。

その女性は、ケイ素には、とても深い関心を持っている様子で、終了後の食事会でもいろいろな質問をされた。

そこでわたしは「では、島根県とケイ素の関係性で、何か面白い話題があったらレポートし

元素の周期表

	1族	2族	13族	14族	15族
1	1 H 水素				
2	3 Li リチウム	4 Be ベリリウム	5 B ホウ素	6 C 炭素	7 N 窒素
3	11 Na ナトリウム	12 Mg マグネシウム	13 Al アルミニウム	14 Si ケイ素	15 P リン
4	19 K カリウム	20 Ca カルシウム	31 Ga ガリウム	32 Ge ゲルマニウム	33 As ヒ素
5	37 Rb ルビジウム	38 Sr ストロンチウム	49 In インジウム	50 Sn スズ	51 Sb アンチモン

てください」とお話しした。

　すると、しばらくして彼女から次のレポートが送られてきた。

「古代蓮と銅剣」である。許可を得てそのままを次に記載しよう。

……仏教のシンボルにもなっている蓮の花は、泥の中から生えて来るのに、葉も、茎も、花も泥に汚れず、綺麗な花を咲かせて、たった4日で散ってしまう。

しかも、蓮は泥の中でしか育たないために、不思議がられていた。でも、その泥にケイ素が多く含まれているから、汚れず、強い生命力で泥の中で成長し、泥（ケイ素）がなくなると、散るのではないでしょか？

また、出雲《いずも》市には、荒神谷《こうじんだに》史跡公園という所があり、古代蓮が、５０００本も咲きます。その荒神谷史跡公園では、１９８４年に、過去に発見された銅剣の総数より多い３５８本もの銅剣が見つかりました。これも、長い間、土中（ケイ素）に守られていた結果ではないでしょうか。

そのとおりである。ケイ素は泥中に多く存在している。

「泥中の蓮《はちす》」のことわざは、汚れた環境の中にいても、それに染まらず清く美しく生きるさまのたとえを意味する。

蓮の花は、泥水の中からしか立ち上がってこない。真水であったたなら、蓮は立ち上がってこない。

泥がどうしても必要なのだ。

泥とは、人生になぞらえれば、心の汚れ、つらいこと、悲しいこと。

蓮の花とは、まさに人生の中で花を咲かせること。

そして、その花の中に実があるのが「悟り」ということにほかならない。

しかも、その蓮と泥、そしてケイ素と結びつくのは驚きと言ってよい。

蓮は、心の汚れきった時代の中でも、清浄に美しく咲く花の代表であり、清浄な教えを広める仏教のシンボルとして、蓮の花の意味がある。

しかも永遠の生命の意味もある。東京大学の検見川《けみがわ》グラウンドの泥中から、２０００年前の蓮の種が発見され、それが開花したというエピソードもある。

泥とケイ素、そして蓮。科学者にとっても、信仰者にとっても、極めて興味がわくエピソードではないだろうか。

最近では泥の中に潜在する電気を発する微生物「シュワネラ菌」が話題になっている。汚れた泥水が微生物の発電の燃料になるとはなんだか夢のような話だ。しかし、発電菌がどういうメカニズムで電子を出しているか、基本的なことはまだ十分にわかっていない。ことのついでに述べておくが、水素も泥中に多い。

温泉の美肌の謎の答えはケイ素だった

さて、彼女のもう一つのレポートが、次の「美肌の謎はケイ素だった」であった。

Ｐ化粧品が毎年行う「ニッポン美肌グランプリ」。島根県は、４年連続１位に選ばれるなど、美肌の人が多いと言われています。その理由に温泉が多いことがあげられます。

島根の温泉街では、浴衣姿の若い女性が多く見受けられます。

実は、1300年も前に、「一度入ると姿形がとても美しくなる」と言われていた温泉があるなど、神話の時代からも一目置かれた温泉がたくさんあります。

その中で、玉造温泉の温泉ソムリエ、T・Fさんによると、メタケイ酸の多い温泉が、美肌にいい温泉だそうです。

調べると、メタケイ酸とは、珪酸、ケイ素と酸素、水素の化合物の総称との事。

このケタケイ酸は、普通、50㎎あれば、美肌形成が期待できるそうです。

ところが、玉造温泉は、このメタケイ酸が110㎎もあるのです。

その上、カルシウムが多く、メタケイ酸と結びつくとさらに美肌効果が期待できる温泉だそうです。

そのほかにも、温泉ソムリエは、島根県内の62カ所の温泉を調べた結果、メタケイ酸が50㎎以上の温泉が多数見つかったそうです。

島根県にはケイ素の多い温泉が多くあり、その結果が、美肌県第1位の理由ではないでしょうか?

わたしは、「そのとおりです。とても立派なレポートです」とお答えした。

むかしから親しまれている温泉。わが国にはさまざまな泉質の温泉がいくつもある。確かに湯にも、湯の花にも、ケイ素は多く含まれる。しかも温泉と美人の湯は関係性が深い。国の内外を問わず有名化粧品メーカが、すでにケイ素を含んだ多くの化粧品を商品化していることは意外と知られていないことだ。

ケイ素の応用と展望

わたしは、ケイ素応用の将来像について、次に述べるような期待を持っている。

まず、ケイ素は健康、医療、美容さらに農業や畜産、漁業、園芸などでの広範囲での効果が期待できるであろう。

とくに健康、美容分野の研究では、現在でも徐々に成果が上がっている。さらに将来性の期待できる項目を列挙した。

①ケイ素の胸腺・白血球活性力。

（免疫力の向上）

②肌のみずみずしさ。

（保湿力の向上）

③コラーゲン線維の補強。

（肌の弾力性向上）

④ケイ素の電子的作用。

（電子供与・抗酸化）

⑤体内負イオンとしての役割。

（細胞の抗酸化、再生・還元）

⑥骨形成はケイ素、カルシウムの補強作用。

（ミネラル相互作用）

⑦細胞内外のイオン交換の活性化。

（新陳代謝・細胞活性・ダイエット）

⑧体内の正負イオンバランスの調整。

（ミネラルバランス・pH緩衝作用）

⑨プラスに帯電の重金属を引きつけ、体外に排出。
（キレーション・デトックス作用）
⑩体内の老化時計のスイッチをＯＮ-ＯＦＦ制御している可能性。
（アンチエイジング・抗痴呆作用、抗認知症作用）

ケイ素は今後の研究により、さまざまな生理的物性が発見され、多くの医学的な有益性を見出されることだろう。

土壌の中で見つけたノーベル賞

２０１５年のノーベル生理学・医学賞に輝いた大村智博士。受賞理由になったのは、熱帯にはびこる寄生虫に対する薬剤「イベルメクチン」の開発。その抗生物質は、開発途上国を中心に多くの患者を救ってきた。

大村氏は、この抗生物質のもとになる化学物質を、静岡県川奈のゴルフ場近くの土壌から発見したバクテリアから抽出した。

土壌の中に存在するバクテリア細菌。その研究でノーベル賞を受賞。

その功績も偉大であるが、発見した場所は土壌の中。

わたしたちがふつう、知らずに踏んでいる地面の中から「宝物が発見された」のだ。ところで**ケイ素も土壌で一番多いミネラル元素である。しかも、バクテリアもケイ素が多い微生物である。**

ふだん気にとめない地中の〈ケイ素〉。その貴重な鉱物資源を再度、新しい視点で分析、検証してみるのも大事なことである。

第8章

陰陽は生命の悟り（空）

……いのちの本質を見つめよう

もう一つの陰陽

陰陽の相対的な関係を、自然科学を中心に眺めてきたが、陰陽はそればかりではない。たとえば文明にも西洋と東洋があり、政治の世界では保守と革新、経済では富裕と貧困、人生では吉と凶、楽あれば苦あり、など例をあげたらきりがない。

自然科学の世界に、人生論や宿命論を持ち込むのは、少々、違和感を持たれる方もいるだろう。しかし「正負」「陰陽」の奥義から考えると、決して無視できるものではない。

これからの時代は文明の大転換期、西洋の科学万能主義から東洋的生命観へ、物質至上主義から精神性重視へと、陽から陰へ時代は急速に変わろうとしている。

陰と陽、正と負は対極で、正反対の性質を持っている。だからこれからの時代にあっても価値観は、さまざまな場面で対立する問題が大変に多くなってくる。

しかしながら真理を追究する価値観だけでなく、ヒトの心や精神、宿命など心情面のいわば反科学から見極めるのも大事なのである。

陰陽は生命の悟りでもある。とくに仏教をはじめ、人間に寄りそう宗教では、人間が逆境にある時、さまざまな導きを示してくれる。

長い人生には必ず明暗があり、浮き沈みがつきものだ。小泉純一郎元首相の言葉ではないが「人生いろいろ」「人生、山あり、谷あり」だ。もし絶好調が山であれば、どん底は谷になる、陰陽からいえば、山が陽で、谷が陰になる。

しかし、**人生真っ暗闇などという、そんな人生は長くは続かない。太陽の運行のように、必ず人生には復興、蘇生のリズムがあるからだ。**

仏教には、正負・陰陽の法則がある。幸福ばかりの「足し算」の生活をしていると、やがて宇宙の陰陽の法則で「引き算」がやってくる。だから、それが来る前に先手を打って、「引き算」をしておけばよい。

その引き算とは、供養である。供養には三つの方法がある。

一つには「蔵の供養」、いわばお金に執着した餓鬼《がき》の生命界を反省し、その金銭や物資を、仏や社会に捧げることである。

二つは「身の供養」である。これはからだを使った行動・実践で善行のことだ。人の悩みなどに真摯《しんし》に相談に乗り、ともに祈る実践ともいえる。一般に言うところのボランティア活動もそれに入るだろう。

三つには「心の供養」で、仏に祈り、仏道を学び、自らの人格を磨き、その覚醒した慈悲の心を他人に向けることである。菩薩や仏界の道に勤《いそ》しみ、他人を慈しむ心を養うことは何よりも貴重な修行であろう。

人生を生きることは、すべて修行である。

そのような修行は一見、無報酬で、無駄な時間を費やす行為のように見えるが、それが自分の避けられない宿業から脱出できる唯一の方法である。

つまり大きな「引き算」を代償することになる。

しかしその「引き算」の持続が、さらなる将来への幸福に向かって、大きな陰徳を積む原因になることを知ったら、それは決して「引き算」にはならない。

キリストの十字架は新しい命と希望のシンボル

さてキリスト教にも目を向けてみよう。

教会の屋根の塔の上に、また教会の壁に、シンボリックに輝く十字架。

その教会にはときとして、不安を抱えた人々もやってくる。リストラ・離婚・失恋・病・負債・夫婦関係・人間関係……。

人生の浮き沈みを味わい、行路を見失い、本人の心は、悲しみでいっぱいだ。あたかも何ものかに引き寄せられるかのようにうつむき加減でやってくる。

その教会のシンボルは十字架だ。

それは何を意味しているのだろうか。決して、ただの飾りではない。

十字架には死刑のイメージが強い。２０００年前に、ローマ帝国が使用していた死刑の方法であり、日本にも、江戸時代などに磔《はりつけ》という死刑があった。

十字架は、木に死刑囚を張りつけて、殺すという死刑のやり方のひとつである。人の手のひらと足に釘を刺して、じわじわと出血させ、最後には出血多量で死ぬという恐ろしい死刑の方法である。

キリストは、その死刑で殺された。しかしそのイエスが葬られ、三日の後によみがえった。聖書の言うところの、十字架の意味、それは「罪の許し」である。

イエス・キリストが手足を釘づけにされ、死刑になった十字架。**キリストの十字架は、マイナスとプラスを重ねもった「クロス」で象形されている。**

十字架は正反対なものを結合するということの象徴なのだ。

キリストの十字架には、マイナスの否定・プラスの復活と両方の意味がある。十字架は死のシンボルであり、また、よみがえり、**すなわち新しい命と希望のシンボルなのだ。**

偽物の自分を切り殺して、本当の神なる自分を復活させる、これが十字架の意味なのだ。

キリストと仏教の正負・陰陽

また、その十字架の象形には、さらに深い展開が込められている。それは、十字が回転すると卍になることだ。これは仏教の卍である。さらに卍が高速回転すると円になる。円は輪円具足《りんえんぐそく》となる。輪円具足とは、マンダラのことだ。

輪円とは丸いものが、ぐるぐると中心を起点として回転している状態を表す。

『現代用語の基礎知識』によれば、「マンダラ（サンスクリット mandala）〔外来語最新事典'97〕曼荼羅《まんだら》と音写。輪円具足《りんえんぐそく》・壇《だん》・道場などと訳される。深奥な悟りの世界・深遠な宇宙の真相（宇宙の本質）を仏や諸尊を描（書）いて象徴的に示したもの」とのことである。

汚れを取るのには、水を使う。その水を「火」にかけ、温めればさらに汚れは落ちる。イオン洗剤を入れた洗濯機のように、汚れ物を水に浸け、さらに高速に回転させ、揉み返すと、汚れはきれいに離れていく。

次に脱水機にかけると、やがて本物（清らかな人間の性分）と偽物（汚れ）が水の力で離れ、回転の力で分別される。

仏道の修行では、お題目を繰り返し唱える。繰り返す音声の響きがからだに染み入り、やがて過去世、現世の罪障の穢《けが》れが滅していく。

それを「清め」「解脱」といい、心やからだの汚れきった酸化物が取れ、からだは還元され、そこに崇高な使命感と歓喜の心が芽生えていく。

その生命のリズムが、すなわち蘇生のリズムである。

清浄とはナノの世界のこと

ところで割合・歩合の単位を表す漢字に「割・分・厘・毛」というのがある。

アメリカ大リーグで３０００本安打を達成したイチロー選手がいる。イチローの打率は３割４分５厘などと言う。基準になる量（打席数）を10とし、それに対して何回ヒットしたか（比べる量）を表したものだ。

もう一つの意味は、もうこれ以上割り切れない、小さな単位を表している。もともと日本語で使われている、表現の語源になっている単位なので、知っておくといいだろう。

割・分・厘・毛……この続きはご存じであろうか。参考に示しておこう。

糸《シ》・忽《コツ》・微《ビ》・繊《セン》・沙《シャ》……模糊《モコ》（マイナス13乗）・逡巡《シュンジュン》……刹那《セツナ》（マイナス18乗）……清《セイ》・浄《ジョウ》（マイナス23乗）。

私の知る限りはここまでだが、瞬間を表す「刹那」や「曖昧模糊」などの言葉は聞いたことがあるかと思う。

でもそれを言いたくてここに紹介したのではない。そう、だんだん微小な世界に入っていき、**もうこれ以上ない超微小の単位の究極、それが「清・浄」なのである。**

正負イオンのサイズは約1000万分の1㎜。ナノは100万分の1㎜だ。その究極のサイズにも正負・陰陽の電荷がある。驚くではないか。しかも「清・浄」とは。

空気清浄機は、空気中に浮かぶ花粉や塵《ちり》、埃《ほこり》などの汚れた粒子をフィルターで濾過《ろか》し、可能な限り澄んだ本物の空気を製造する機械である。つまり空気の洗濯機だ。

それを清浄といい、ナノの世界のことなのである。

空気清浄機や、エアコンに荷電微粒子の正負イオンが活躍しているのも決して不思議なことではない。しかも一般的な装置のメカニズムは、自然界の雷と同じ原理のコロナ放電を利用して、正負のイオンを製造している。

水と火は心を清める

清めにも、浄化の「浄」と清らかな「清」の二つある。水の清めは浄化の浄である。台所の浄水器は水を浄化する装置だ。

「浄」は三水《さんずい》に争うと書く。つまり水が争うというのは、激しく動き回るという意味である。速い厳しい強い流れにさらすほど汚れが取れる。これが浄化の浄だ。

「清」は三水に青と書く。透き通った水が青いというのは本質なのである。この清めは本質を現すという意味である、表面の汚れを取るというより、本質を現して清めることだ。

キリスト教では洗礼という言葉を使う。水の洗礼、水は汚れを洗い流す。

本当は霊の洗礼が大事である。「汚」れを「洗」い「流」すという文字も、すべて三水がついている。水の清めは柔らかい優しい清めなのだ。

火の清めもある。特定の仏教宗派では、護摩《ごま》の修行がある。

護摩の〈護〉という字は「まもる」という字である。護るというのは、完全なものを燃えあがらせるように本物を現すという意味がある。

摩は魔物の魔ではなくて麻に手である、麻を細かく切り裂いて消し去るという意味だ。だから偽物を細かく砕いて消し去る、そして本物を現すというのが護摩の姿である。火に対向すると、多くの獣は恐がり、退散してしまうが、人間の魔性も火に対することで、本物と偽物との区別がはっきりとついていく。そして本物だけがよみがえるのだ。

火は、煩悩《ぼんのう》の暗闇を消し、悟りの光明となるエネルギーが発生すると言われている。

塩の清めは生命浄化

お通夜、お葬式から帰って玄関口でまず一番にする儀式が塩によるお清めだ。

塩は悪い因縁を払う厄よけに使われる。

和風料亭の店先に、また野球グラウンドでは不調なチームの厄を払うためにダッグアウトの隅に、白い塩がこんもりと盛ってあるのをテレビで見かけることがある。

また力士は土俵に塩をまく。相撲の肉弾戦ではケガもあり、血も流す。塩には殺菌効果もあるが、本義は塩の清めの意味だろう。

塩はナトリウム（Na^+）と塩素（Cl^-）の化合物で塩化ナトリウムのことだ。それぞれ正負イオンを電荷にもっている。

生命にとって塩は大事で、人の汗、体液、輸液の代わりをするのも生理食塩水だ。からだの電気の流れを円滑にしてくれる。

また洗濯機の水に塩を少し入れると、汚れがさらにきれいに取れることはご存じだろう。塩は「電解」で、電気の力で分離を助ける働きがあるのだ。

本性と汚れの分離、宗教行事に塩が使われるのも正負・陰陽の法則に沿っている。なにせ塩は生命の故郷、海からの贈りものなのだから。

ローソクの灯火からも陰陽のエネルギー

赤い炭火が盛られた火鉢を前にし、手をかざしていると、つい、うとうと眠気をもよおしたり、心の安らぎを感じるだろう。

また寺院での修行の場では、よく火炎の燃焼が用いられ、その炎揺らめく背景には、お祈りする人の面相に恍惚感《こうこつかん》に似た様相が映し出されている。

このような真剣な修行は、たとえそのような特殊な場に行かずとも一般の家庭でもふつうに行える。たとえば仏前でのお祈りの際、ローソクに火を灯《とも》し念誦《ねんじゅ》することだ。これも一種の同等の生命の清めである。

では、なぜ火炎の燃焼が、このような心理的な変化を、人のからだにもたらすのであろうか？

私はその素朴な疑問の謎を解くために、火炎のもつ不可思議な作用を、燃焼時における空気の質、とくに荷電微粒子の変化という、空気イオンの観点から探ってみた。

まず備長炭《びんちょうたん》を試してみた。燃焼時の空気イオンの測定結果では、最大値マイナス１６７０／cc、平均ではマイナス４６２／ccの負イオンが発生していることが判明した。一方、正イオンでは最大値２０３０／cc、平均値１１６４／ccが発生していた。

精神的な昂揚《こうよう》感を生む正イオン、逆に精神的な安定を生む負イオン、そのバランスの状況が観察されたのである。

もちろんローソクの炎においても数値こそ違うが、火炎近傍に同様な正負イオンが発生する。正負イオンの発生量の増減は時間を経るごとに変化し推移する。その正負のバランスは揺らいでいる。

私たちの身近な家庭生活の場で、正と負のイオンが深く関係しているのだ。

ちなみに科学的実験、炭化水素火炎においては、「化学イオン化反応（chemi-ionization reaction）」によりイオンが発生することは知られている。このイオンは再結合反応により距離をとると急激に減少するので、イオン濃度の高い領域は火炎近傍に限られる。

また火炎中のイオンに、外部から電場や磁場をかけると、燃焼現象を抑制することができるのだ。

地球の岩石が秘める薬効パワー

ところで昔から石には神秘的なパワーが宿ることが語り継がれている。石といってもさまざまな石がある。しかも成分はみんな違う。

古代中国では、水晶などの鉱石を削った粉末を、漢方薬として用いていたという歴史的事実が知られている。

水晶といえば、地球の岩石成分、ケイ素を多量に含有する。

そのほかにも、数十種類の鉱物が薬剤として用いられ、その古代からの利用を伝える鉱物の石薬は、わが国でも奈良・東大寺の正倉院《しょうそういん》の御物《ぎょもつ》の中に残されている。

こうした鉱石の粉末には、何らかの薬効成分が含まれていて、それがからだに吸収されて病気を治すと考えられてきた。

とはいっても、単に石の粉末を飲むのではなく、ほかに生薬や薬草などを煎《せん》じたものを加えて使っていたようだ。いくら粉末とはいえ、石や微量金属の成分は、粒子が大きく胃では吸収されにくいものだ。そこで**薬草などと一緒に飲むことで、薬草の汁の作用と鉱石の粉末がうまく調和し、きわめて微量な元素や、正負・陰陽のイオンを体内に取り込むことができたのだろう。**

一方、「薬石《やくせき》」や「握石《にぎりいし》」といって、石に触れたり握ったりすることで石のエネルギーを体内に取り込み、病気の治療や精神の安定に役立てようという方法も行われていた。

少し科学の世界から離れた話になるが、その考え方の基本は、「鉱石の微弱な電磁エネルギーの波動と、脳内の潜在意識の波動が共鳴し、心身の病んだ部分を癒す」というものだ。つまり、「薬石」や「握石」は、自分のからだや精神の状態に合った鉱物を持ったり、握ったり、身につけたりすることで、心身の病を治すという一種の自然療法なのだ。

しかし私たちは、ただ鉱石に触れるだけで、そのエネルギーを受けることができるのだろうか。鉱石自体が振動するという現象は本当なのだろうか。なんとも信じられないような話だ。

鉱物の振動の謎は、近代の科学技術によって徐々に明らかなものになった。その鉱物がもつ最大の特徴は、前にも述べた「圧電効果」や「ホルミシス（微弱放射線）効果」と呼ばれるものだ。

水晶などに圧力や熱を加えると一定量の電気を発生し、逆に一定量の電気を与えると特定の伸び縮みを起こし振動する。

夏場のお墓などに、夕方から夜に現れる心霊現象の謎、病気が治るパワースポットの謎なども、岩石の電磁エネルギーが関係していると考えられる。

このような物理的振動と電気的性質をもつ鉱物が、心身的な癒しにつながる可能性も決して否定はできない。

つまり釈尊や仏法僧の開眼者が、石の上に座り、悟りを開き、説法するのも、あながち我慢と辛抱だけの修行ではない。石からの電磁気エネルギーを得ながら、悟りを開いたと考察すべきである。

また、**古代より宝石などを身につける人間の習慣も、装飾的な意味合いのほかに、からだに対して石の物理エネルギーが神秘的に感応していたためである。**

石の秘力に魅せられた科学者たち――ノーベル賞・キュリー夫人の偉業

続けて石の秘力にまつわる話題を提供しよう。

地球に眠るさまざまな鉱石類は、地球誕生時のドラマにおける、高熱や圧縮などによって起こる正負・陰陽エネルギーに深く影響を受けている。

西洋、東洋を問わず、昔から、多くの科学者たちは、自然鉱石がもつ不思議な神秘性に熱い眼差しを送っていた。

この正負・陰陽の備わる物質の機能性に興味を抱いていたのだ。そしてこの物質の持つ不可思議で神秘的な力を認識していた。

石には、吸引力を持つ磁石や、琥珀《こはく》などの静電気、温泉の放射能石などがある。

琥珀は松ヤニが固まった化石で、石の表面を布で擦《こす》ると灰などを吸引する。布で擦ると正負の静電気が生まれるのだ。

琥珀の中に封じ込められた蚊の遺伝子から、恐竜を再現させたSF科学の映画『ジュラシックパーク』は有名である。

紀元前4世紀、科学者タ―レスはこの不思議な力を、「エレクトロン（静電気）」と命名した。その後、これが電子、電気の語源になり、現代でなくてはならない電気が作られた。

19世紀に入ってからは、トルマリン、水晶などの電気石、磁鉄鉱石、放射能石などが次第に科学者の興味の的となり、キュリー兄弟、レントゲンなどがノーベル賞の対象となった。

その研究が広がりを見せるにつれ、とくに19世紀から20世紀にかけ、自然に備わる正負・

陰陽の研究に人一倍、興味を抱いたのが、ノーベル賞の受賞者たちである。放射線を含むラジウム鉱石や、自然界で産出されるさまざまな鉱石の中には面白い物性を持つものも少なくない。

１９０３年と１９１１年に、放射能の研究によって、２度もノーベル物理学賞と化学賞を受賞したキュリー夫人がいる。

彼女はとくにラジウム鉱石の放射能の研究で有名である。さらに彼女の夫も水晶、電気石など自然鉱石の研究では数多くの実績をもっている。

いまでは、時計の中や携帯電話の発振装置に水晶が組み込まれている。

チベットやインドになぜ高僧が現れるのか？

花崗岩《かこうがん》も正負イオンの発生源になる。

花崗岩の多いチベット、ヒマラヤ、こういうところに登山家が登ると非常に清々しい気持ちになるという。その理由として花崗岩によっては弱放射性を帯びていることがあり、「正負・陰陽の場」がよくなるわけである。

チベットやインドにおいて、有名な高層が数々出現している。その理由は環境にあり、このような悟《さと》りに適当な正負・陰陽の高い生命場の環境で修行し、悟りを開くからである。今日では、ヒーリングストーンと呼ばれる宝石類が、ニューサイエンス族に支持されている。さまざまな鉱石類は物理的な学問研究の対象として、一方では精神世界の信仰の対象として位置づけられている。

さらに身近の工業界では薬石や医王石《いおうせき》、麦飯石《ばくはんせき》、海泥、雲母《うんも》、長石《ちょうせき》など、さまざまな石が研究され実用的な応用も拡大している。

ピラミッドパワーの秘密

1999年、日本テレビ系列の『特命リサーチ200X』という番組で、ピラミッドの中では物が腐りづらいという謎を解明する特集が組まれた。

その原因究明に私が参加することになった。そして番組の要請で、わたしは釜石《かまいし》鉱山を訪ねたのである。

釜石鉱山はピラミットの空間と極めて類似しているという。

私はトンネルの中に入る際、サーチライトが付いたヘルメットをかぶり、長靴を履き、そして坑内の薄暗い洞窟内を数㎞、トロッコに乗ってロケ隊スタッフとともに入っていった。

そして現場調査から、その謎を解くカギが徐々に明らかになった。

それはなんとピラミッドの石から発生する〈磁気〉と〈負イオン〉の存在にあることが判明したのだ。

まず調査は、エジプトのピラミッドの外側と「王の間」の磁気を測定することから始まった。その結果、「王の間」は外部に比べて８倍もの磁気があることが判明した。

そしてこの強い磁気の原因は、「王の間」だけに大量に使われていた３０００トンもの花崗岩にあることがわかった。

花崗岩は磁鉄鉱という磁力をもつ天然石を多く含んでいる。その磁鉄鉱から放射される磁気が、「王の間」に強力な磁気を発生させていたのである。

そこでトンネル入口から１・７㎞入った所と、トンネルの外で磁気を測定したところ、トンネル内では９Ｇ（ガウス）、外では０・７ガウスという結果が出た。

さらにトンネル内部の、負イオンの数値をイオンカウンターで測定すると、マイナス４０２５／ccという大量の負イオンが発生していることが判明したのである。

この実験は世界初の歴史的な試みであり、わたしの貴重な発見であった。

では、どうしてこの鉱山内で、これほど多くの負イオンが発生していたのだろうか。その理由を、私は花崗岩に多く含まれる磁鉄鉱から発生している磁力による「ローレンツ力」によるものと考えた。

ローレンツ力とは、磁力によって電子が動かされる（避ける）力のことをいう。

花崗岩の磁鉄鉱の磁力が空気に放出されると、ローレンツ力によって空気中の電子が避けるようにして飛び出す。その電子が周囲の空気と結合して空気が負イオン化する。このようなメカニズムによって、花崗岩の周辺では負イオンが大量に発生していたのである。

負イオンが、空気中にある細菌や雑菌を殺す働きをもっていることは、すでに海外の研究者により数十年前から報告されていた既知の事実だった。というのも、細菌や雑菌は電気的に正に傾いているため負イオンと結びつきやすく、正と負のイオンが結びついた時の電気的ショックで菌が感電死してしまうからである。

最近では某家電メーカから、除菌イオンという呼称で製品のコマーシャルが流れているが、その原理の発見は、すでに過去にさかのぼるのである。

この磁鉄鉱の磁力によって発生した負イオンの力によって、王の間では細菌の繁殖が極度に抑えられ、物が腐らないという現象が起きていたと考えられた。

しかもわが国の釜石鉱山の岩から噴出する水は、いっさい加熱や人工的な殺菌処理を施さずとも、安心して飲める天然水であることは長年の水のエイジング試験で実証されている。

温泉とホルミシス

岩場を噴き上げる白煙。年々、温泉を癒しの場として楽しむ人々も増えてきた。アメリカやフランスなどには多くのスパ・リゾートやタラソテラピー施設があり、とくに高齢者や女性に人気が高い。

〝温泉療法〟〝転地療養〟〝森林浴〟〝湯治場〟などという言葉があるように、人は、自然の中に身を委ね、自然の湧き水を飲み、山や海の新鮮なミネラル豊富な食材を食べ、美味しい空気の質を追い求める。

これは**「健康は自然の中に存在する」と言った医聖ヒポクラテスの癒しの原点でもある。**

からだの傷を癒し、健康回復を、自然の中に求めるのは、世の常、獣の常、人の常である。

ところで、このような安らぐ場、癒しの場、そして温泉の神秘には共通した何かがある。

それは何かと言えば、**正負イオンの空気と陰陽イオンの湯である。**

温泉地の周囲の空気環境には正負イオンが、そして湧き出る源泉の泉質には陰陽のイオン物質が豊富に溶け込んでいる。**ラジウム鉱石から放射されるβ《ベータ》線は、空気を電離し、多くの**

負イオンを生み出している。

前述したように日本全国にはさまざまな種類の温泉がある。その多くは白い湯煙とともに、硫化水素の異臭が漂っている。金属を瞬時のうちに溶かしてしまう酸性度の高い酸性泉、pH1〜2といわれる強酸性泉は殺菌力が強く、細菌性の皮膚病の治癒効果が高い。

三朝《みささ》温泉や玉川温泉のようなラジウム系の放射能泉もある。全国から、ガンなど治癒困難な病を抱えた人々が絶えず数多く訪れ、癒されて帰る。これは火山活動により温められた岩盤の上にゴザを敷き、その上に寝てからだを温めるもので、岩盤したから放射されるラドンを浴びることができる。

それが微弱放射線によるところの〈医療ホルミシス効果〉だ。

アメリカのボルダー、ドイツのバーデンバーデン、イタリアのイスキア、オーストリアのバドガシュタインなどが、世界で有名なラジウム系の療養施設のある地域だが、まさに玉川温泉などと同じといえる。

放射能も、その量によっては善悪、正負・陰陽の作用があることを知るべきである。

からだには多くの月が宿っている

人が生まれる時間は、潮が満ちるときに集中している。

人が死ぬ時間は、潮が引くときに集中している。

自然分娩では、新月と満月の時に出産が集中する。

満月の時の外科手術は出血量が増える。

満月の時はホルモンバランスが崩れ、衝動的、攻撃的感情が高まり、傷害・殺人事件、自殺件数が増える。

植物の種は、新月の時に蒔《ま》いたものが最も生長が速い。

こういったことを聞いたことがある人は多いだろう。

ほかにもさまざまあり、生物、人間の心身は、ともに月の満ち欠け（月齢）と深い関係を持っている。


干潮や満潮などの潮の満ち引きは、月が引き起こす現象だ。潮の満ち引きを起こす力を潮《ちょう》汐力《せきりょく》と呼ぶが、もともとは月の引力によるものだ。

もちろん太陽にも月にも地球にも引力がある。月は小さく太陽は大きい。

しかし、なぜこのような月という衛星を、地球が持っているのかは謎なのだ。しかも自分では決して光を発さず、太陽の光を反射しているだけである。月が神秘的な特殊性を醸《かも》し出すのは、ある時は太陽の陰になり、夜に姿を現すかのようだからだ。

名実ともに太陽は陽で、月は陰である。

つまり、大きな太陽の引力よりも、月の小さくても特殊でユニークな引力が生命にとって大事なことのように思えるのである。

からだの部位を示す漢字の多くは、月がついている。大腸、小腸、肝臓、脾臓《ひぞう》、膵臓《すいぞう》、脳、胃。私たちのからだには多くの月が宿っている。しかも女性は「月経」という月のリズムに沿った生理機能をもっている。月は大きな存在である

エピローグ

正負と陰陽の違いを知る

「まえがき」で正負と陰陽は同義語であるが、微妙に違いがあると述べた。では本書を終えるにあたり、その溝は埋めることができたのだろうか。

この辺で、正負・陰陽の区分と相関をわかりやすく整理してみよう。

それが次である。

正負……西洋、動的、流れ、空気、気体、静電気、電荷、電界、摩擦、組み合わせ、臓器外科学、物理化学、肉体、平面、四角形、三角形、上下、左右、ベクトル、均衡、表裏、戦い、天使と悪魔、罪、動物、多彩色、統計学、数学、近代、運命、時間、明と暗、強と弱、放出のエネルギー、デジタル、正が先に負が続く。

陰陽……東洋、静的、状態、水、液体、電解、極性、噛《か》み合わせ、人体、代替医学、円球、湾曲、左右、不均衡、太陽、月、善悪、調和、罰、野菜、無彩色、実証学、文学、歴史、宿業、

季節、光と闇、鋼と柔、蓄積のエネルギー、アナログ、陰が先に陽が続く。

〈正負〉と〈陰陽〉のわずかな区分を理解していただけたら幸いである。

同義語であったはずの正負と陰陽が、これほど双方の立場に微妙な違いがあることは驚きだ。それは大局から見れば、西洋と東洋の生まれ育ちの違いもある。

しかし、どう英断しても、この区分になじめない言葉があった。それは、どちらにも入り、どちらか一方でないもの。

それは「宇宙」と「生命」と「宗教」である。

たとえば生命の細胞の中のイオンも、正・負イオンを用い、また陰・陽イオンともいう。

また雲や海の中のイオンでも正負・陰陽を使う。さらに宗教のカルマ（因果応報）の法則でも正負・陰陽は日常的に使われている。

これは宇宙も生命も宗教も、一つの鎖で連結されている証左といえよう。

負の力・陰の法則を見極めよう

わたしはこれからの時代は「負と陰」の時代と考えている。

それは東洋の考え方を知ったうえで認識される法則であり、とくに「陰と陽」の考えは最も基本となるものだ。

たとえば、**同じ月を見て、西洋では衛星ロケットを飛ばし、月の表面を観察するが、東洋ではお団子を供えて俳句や短歌を詠《よ》む。**

地球で見る月は同じだが、人種によって月に対する感じ方はこんなにも違う。

西洋では月に対して殺人や不吉なイメージを持っていることはご存じであろう。

また**西洋は善と悪、白と黒の二つを明確に判別する習性がある。「イエス？　ノー？」である。**

一方、東洋は陰と陽に分ける。つまり良悪、善悪では、善の中にも悪があり、悪の中にも善があるという中庸《ちゅうよう》の見方だ。

どちらが善《よ》い悪いではない。決して、「陰が悪く」て「陽がいい」というのではない。すべてのものに役割を見出すのが東洋的な考え方なのだ。

つまり**違った役割を持つ対極のものを尊重し、かつ互いに助け合い、新たなるものを生み出すという考え方**なのであろう。

これまでの世界観に立てば、国際社会は陽の西洋的な発想と影響が強かった。中東油田地帯で勃発している悲惨な戦争、テロ、そして国際的な環境問題、これらは西洋的な陽のイメージが強い。

しかしながら、**東洋の考えでは、この宇宙には絶対的に、陽性が強化されたものは存在せず、陰と陽のバランスは、すべては生命の法則に導かれていくことを暗示している。**

これからの時代は、崩れかけた正負・陰陽のバランスを補正するために、「負の力」、「陰の法則」を用いなければならないとわたしは感じている。

陰の時代、負の時代が要請される所以《ゆえん》がここにある。

因果応報で生命リズムを知る

もともと広大無辺な大宇宙は、「真理と道」を究める偉大な先哲たちの悟りのテーマであった。しかし月や火星に宇宙衛星が飛ぶいまの時代、**小宇宙を究める現代の悟りは、科学的な視点に影響を受けて当然である。それは宇宙と生命は同一線上につながっているからだ。**

歴史的な生命の悟りは、元来、反物質的なものからの出発であったが、ここで新しい小宇宙の生命の法則からの悟りによって、新しい「真理と道」が切り開かれるなら、それは喜びである。

科学の陽だけを語らず、また陰だけを語らず、対極のもの同士が助け合い、新たなるものを生み出すという役目が必要である。

仏教では宇宙、なかんずく人間は、正負・陰陽の法則に則《のっと》っていると説かれている。因と果、善と悪、明と暗、現世と過去、未来のすべての果報は〝現在の一身の心の「念」（今の心と書く）〟と説かれている。

因果応報とは、過去における善悪の業《ごう》に応じて、現在における幸不幸の果報が生じ、現在の業に応じて未来の果報が生ずること。「因果」とは、「原因」とその「結果」という意味。つまり、すべての現象には必ず「因」という種があり、必ず「果」という「結果」が現れるという意味である。

このほかにも生命リズムを知る法則は、仏教の経典に、豊富にちりばめられている。

物理学的な見地からでないとしても、この洞察力が、はるか数百年、数千年以上も前に、先哲たちに、すでに覚知され、悟られていたことに驚愕するのは、わたし一人だけでは決してないだろう。

人生の中の必然と偶然

宇宙と地球、地球と人間、人間と生命、生命と遺伝子、遺伝子とイオン、イオンと宇宙、この深遠な生命連鎖のループは、すべて正負・陰陽の法則性を持っている。それ故にそのループの一点に狂いが生じるとすべてが狂ってくる。

正負・陰陽の法則を知り、その神秘的な謎を科学し、探究することは清浄な地球自然の大事さを知ることになる。

また生命を、物質と反物質の二つから見ると、人生や宿業の〝必然と偶然〟、それに〝カルマの法則〟の重要性にも無関心ではいられない。

みなさんにもたくさんあると思うが、私もこれまで運命を感じる体験と、多くの人との出会いを経験してきた。

まずわたしが生まれた時の体験である。わたしは終戦後生まれの「団塊《だんかい》の世代」だ。それはともかく、終戦後、間もない時代にあっては、出産は自宅で行われるのがふつうだった。

わたしは太陽が昇り始める早朝に生まれた。わたしの「昇」の名前もそれに由来して

いる。

ところがわたしは仮死状態で生まれてきたという。出産にともなう汚物を喉に詰まらせ、息ができず、わたしの肌はいわゆるどどめ色（熟した桑の実の色、暗紫）だったという。誕生の喜びはつかの間、周りは慌てふためいたに違いない。そのとき、とっさに両足を手でつかまれ、宙づりにされ、背中をポンポンと叩かれて、わたしは汚物を吐き出した。まさに九死に一生を得て、いま生存しているのがこの私である。

誕生という喜びは陽であるが、わたしは陰で生まれたのである。もしそれがわたしの寿命だとしたら、わたしはいま世に存在しなかったわけである。

その機転を利《き》かせてくれたのが同居の祖母であった。何の医療器具もない部屋で、そのとっさの救命処置がとれたのも、ほかならぬお婆ちゃんの知恵袋だったのだ。


もう一つは小学校時代の体験だ。放課後、友人たちと校庭で仲良く遊んでいた。そのとき同級生の男子の一人が、近くの川に遊びに行こうと、必死にわたしを誘うのだった。

しかし、そのときのわたしはなぜか、かたくなに抵抗した。必死に手を引っ張って連れていこうとする友人の顔に、なぜか不吉な兆《きざ》しが見えたのだ。怖くなり、わたしは手を振り払って急いで家に帰ってきた。

ところが数時間後、わたしの家に、その友人の溺死《できし》による訃報《ふほう》が届いた。わたしは驚いた。運命のいたずらとでも言うのだろう。

わたしはそのときなんで力強く、友人を引き留めることができなかったのだろうととても後悔した。しかし幼い私にとっては、その時は、その運命の誘いから、ひたすら逃避することだけが唯一の手段だったのだ。

一般的に、その友人と仲良く遊ぶことを陽（陽気）とするなら、冷たく断り、その場から一人逃げたというわたしの行動は陰（陰険）になる。しかし陰の選択がわたしを救ってくれたのだった。陰は決して陰でなかったのである。

人生にはそのようなことがいっぱいあるだろう。一生懸命に尽くしたり、努力したり、でも報われなかったこと。でも、最終的に結果としてそれが幸いしたというようなことは、わたしにもたくさんある。

陰徳陽報から導かれた私の大病体験

一方、人命救助もした。数十年も前のことだ。

大学での当直の際、用務員のおじさんが夜風呂に入りに来た。ところが研究棟地下にある風呂のガス湯沸かし器が不完全燃焼。おかしな気配を感じ、急いで浴室に飛んでいくと脱衣所でおじさんが裸のまま倒れているではないか。

そこにはすでにガスの異臭がたちこめ､頭が一瞬クラッとした。しかし私は外の空気をいっぱい吸い込み、息をこらえ、すばやく、やや硬くなった裸のままのおじさんを背負い、当直室に運び込み、心臓マッサージと人工呼吸を試みた。

やがて必死の手当ての甲斐あって、おじさんは息を吹き返した。わたしが額の汗をハンカチで拭い、やれやれとわれに返ったとき、救急車が到着した。

人助け。わたしは自分がとった沈着な行動と冷静な判断を褒めてやった。

しかしそのガス漏れ事件は、大学の組織の管理下で伏せられ、誰も知るよしもなかった。

やがて地下の風呂場は廃止となった。

でもその後、私は「陰徳陽報」という言葉のあることを知った。

次に記すのは、私が経験した病気の体験である。

それは大学での研究室生活も、そろそろ定年に近い58歳の出来事であった。

私は、10万人に1〜2人と少なく、希少ガンの一つに位置づけられる、珍しい病気に罹《かか》った。「Ｋ・ｉｔ陽性胃間質性腫瘍《ようせいいかんしつせいしゅよう》（ＧＩＳＴ）」と呼ばれる難病であった。ほっておくと腫瘍部分が徐々に肥大化し、膨れ上がり、やがて腐って腹内で破裂する病気である。

その時の病巣は、まさに破裂寸前であったようだ。手で触った腹部には隆起があり、その周辺の部分に鈍痛を感じ始めたのは、前年の暮れあたりであった。

翌年、5月には、恒例の学会フォーラムの開催を控え、わたしの体調は徐々に悪化の一途をたどっていった。でも今倒れてはいけない、倒れられない。会長としての責任感から無理を続けていたわたしは、体調不良のからだで無理を押して当日のセミナーを迎えた。

しかし終了後の懇親会もままならず、私の言動の異変を察していたスタッフたちは、心配のあまりわたしをなかば強制的にタクシーに乗せ、わたしは会場を後にした。

タクシーで帰宅後、その不自然な動作と顔つきを察した家族は、やはり心配し、すぐ病院にとわたしを車で搬送した。

翌日、自ら東京大学医学部付属病院に入院。

ＭＲＩやＸ線、胃内視鏡検査、生化学検査、脳波など精密検査の結果、胃の上部に大きな腫瘍の陰影が発見されたのだ。

事態の大きさからか緊急の外科手術は9時間におよび、大量の輸血、そして赤黒く肥大した病巣部位を摘出、すぐ病理検査に回された。しばらくして、その検査の結果が伝えられ、先の診断名が下ったのである。

でもこのとき、不思議なことに、わたしは死への迷いや不安は一切感じなかった。手術室に向かう廊下で、ストレッチャーに乗せられながら、家族にピースの仕草で、「必ず戻ってくるよ、心配しないで、大丈夫‼」と声をかけたことを覚えている。女房の握った温かい手のぬくもりも感じていた。

なぜかわたしには、まだ死なない、という自信があった。その自信はどこからくるものか、それも即座には理解できない。

でも、若かりし頃、ある人に教えられていた意味深い言葉があった。「人に善行を施せば、それが必ず自分に返ってくる。病気や事故などで、もし君が大きな事件、生死の岐路に立った時、千手観音が手を取り、支えて必ず君を守ってくれる」と。

その教えは、年を取り、長い年月を経たいまでも忘れず、わたしの人生にとって貴重な言葉になっていた。生命の内奥の魂に深く刻印されていたのである。

手術後、担当医であった女性医師から語られた真実だが、先生は妻に向かって「よかったですね……。たぶん、あと1週間遅かったら、命はありませんでした」といったそうだ。

摘出した大きな病巣の異常な変性、ぼろぼろと崩れかけている腫瘍細胞の断片が、その言葉のもつ重大性と緊迫性を如実に物語っていた。

死の淵から生還したわたしの貴重な病気の体験が、いまのわたしに、本書を世に出す後押しになっていることは確かだ。

お陰様で、それから十数年経った現在でも、わたしは元気に、楽しく、夢を持ちながら、仕事をこなしシニアライフを送っている。

お陰様でという〝陰〟の人生を歩もう

日頃、お付き合いをいただいているみなさんに、感謝、感謝の毎日である。

誰でも長い人生には、「運命」を感じさせる多くの出来事がある。

それを振り返ると

①「自ら発する言葉の大切さ」
②「他人から言われた言葉の気づき」
③「うっかりした行動の後悔」
④「誹謗《ひぼう》・中傷への忍耐」
⑤「ありがとうという感謝の気持ち」

このような、ありふれた行動の原点が、大きな人生の気づきとなり、また心の財産となり、人格形成が行われることがある。

また、科学では割り切れない「人との出会い」、そして「運命という存在」だ。

「偉大なる存在」はある。

また、「偉大な偶然」もある。

それは神が施す啓示でもある。

啓示とは「神あるいは超越的存在が、一般的意味において人間自身の力では認識できない秘密、特に神が人間の理解をこえて実在する本質が、いわば逆説的な緊張関係においてあらわにされることをいう。人はこの啓示によって神との交わりに入ることを許される」（ブリタニカ国際大百科事典　小項目事典）ということである。

わたしは、極めて難しい病気に面して、偶然にもその道の名医に巡り合えた。

そして、最適な時期に外科手術を受けた。

そのうえ、病気の治療薬が、直前に保険適用になった。

その治療薬は、他の難病のために開発されたが、わたしの病気にも適用ができた。

いろいろな偶然と、私の運命と、宇宙の陰陽のリズムがうまく重なったのだろうか。


わたしの尊敬する恩師に、聖路加国際病院名誉院長の日野原重明先生がおられる。先生とは雑誌、書籍で幾度となく対談させていただいた。先日も105歳の誕生パーティでご一緒した。その都度、先生は、いつも「見えない世界の重要性」を語っておられた。

古《いにしえ》の時代から、釈尊も、キリストも、偉大な先覚者たちはみな、宇宙に存在する絶対的な力をさまざまな形で表現してきた。

ふだんの日常生活でさえも、

「お陰さまで……」

「陰で支える人が大事……」

「真理は表面の裏に隠れている……」

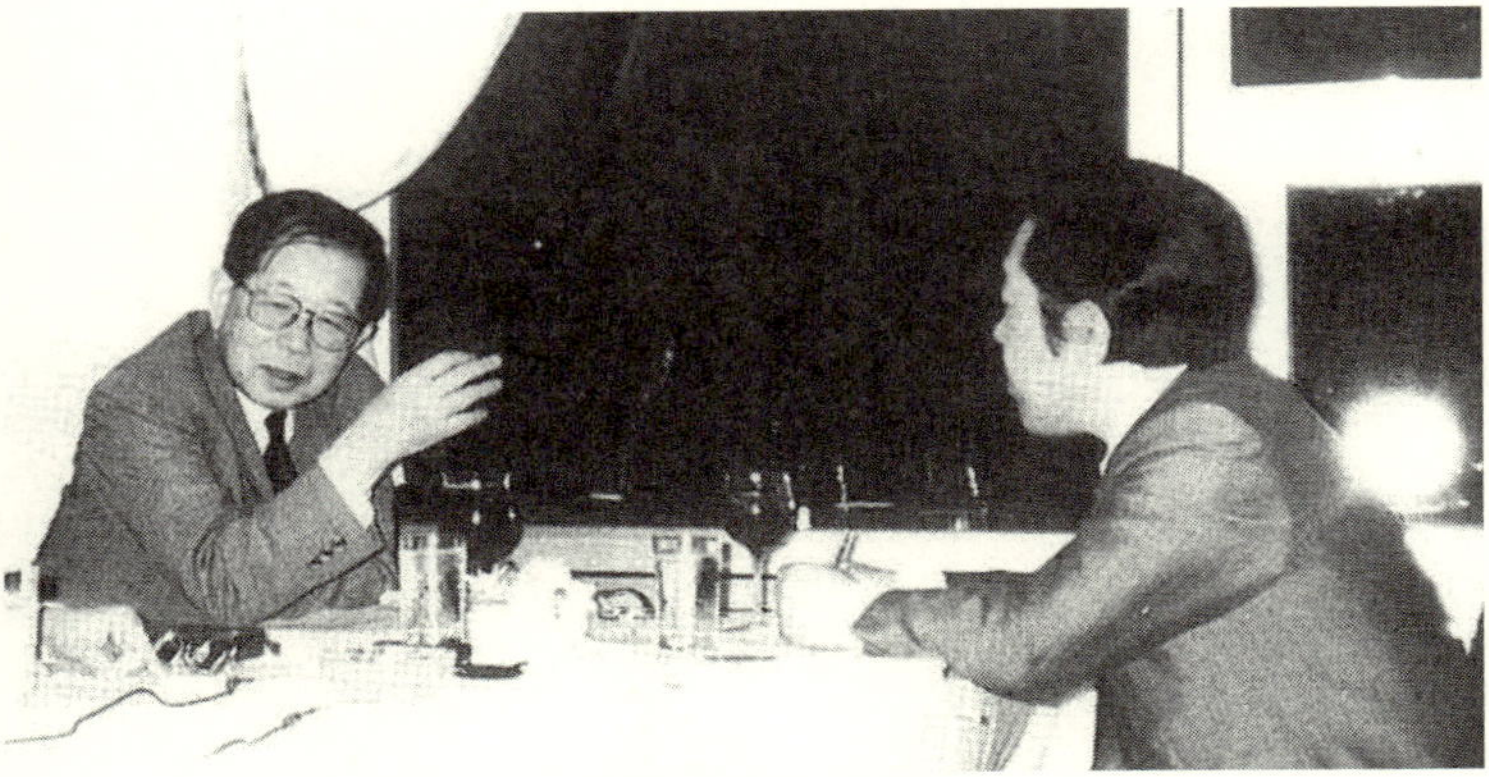

日野原重明先生（左）と筆者

「諸天の神は、私たちに常に陰のように寄り添っている……」

「わたしたちの周りは、目に見えない世界に取り囲まれている……」などと言うではないか。

これらの言葉には、**陰で支えることとの大切さと、おごり高ぶることへの戒め、謙虚さの大切さ、そして陰で支える人への配慮と感謝、そしては、「守護力の存在」は、〝陰〟の世界に住居していることを示している。**

このように考えるのは、決してわたしだけではないだろう。

たぶんこの本を読んでくださっているみなさんの中にも、わたしと同じような体験をもち、いろいろな運命で苦悩し、そして必死に戦っていまを送っている方もいるだろう。

でも、決してあきらめないでいただきたい。

この世は、陰があり、陽があり、そして人生の四季があるのだから。
極寒の冬も、やがて温暖な春がやってくる。「冬は必ず春となる」。
ともに頑張って生きてまいりましょう。

あとがき

生命の三要素「ヒ」「フ」「ミ」の深い意味

現在、〈西洋医学〉は、iPS細胞やAI（人工知能）を用いた病気の診断、抗ガン剤新薬の開発など、華々しい成果によって支えられている。

しかし、〈未来医学〉は、これに加えて東洋の英知を集結し、その思想の背景や内容をよく静かに洞察することが大事である。

そこからまた内容の深い「生命の陰陽学」が創造されるにちがいない。

ところで昔から伝わる数え唄に「ヒ」「フ」「ミ」「ヨ」……というのがあるのはご存じだろうか？

これは**生命の大事な3要素を伝え残した古代の数え唄**と言われている。つまり**「ヒ」とは日、太陽で「フ」は風、つまり空気、「ミ」は水のこと**だ。数え唄にこんな秘密が隠されていたなんてと驚かれる方もいるだろう。

私たちの生命の蘇生を、この三つの要素を起点に、熟慮し出発することがカギとなる。

本書のテーマ、よみがえる生体リズムの謎である「生命の陰陽学」も、**生体機能を調節している「根源的な支配の主」は、結論して言えば「太陽」である。宇宙や生命のリズムを生み出すものは「太陽」であり、それに感謝し、祈りをすることは人間にとってとても崇高な行動だ。**

また空気や水も大事だ。毎朝、先祖が祭られている仏壇に供える「水」も、清浄無垢《むく》（清らかで汚れのないさま。また、心が清らかで煩悩《ぼんのう》のないさま。「垢」はあか・汚れ）の祈りである。

また「空」の中から「気」のエネルギーを感応する日々。**一日の中で、日の陽に、月の陰に、心身合体して修行することも、よみがえる生体リズムをつくり出す要因になる。**

そして陰陽学に照らし、その生命の英知を得ることこそ「温故知新」の真髄が見えるのかもしれない。

そして、近い将来、この生命の陰陽学に、関心を持つ若い人材が数多く出現することを、わたしは首を長くして待っている。

第2のスティーブ・ジョブズ、シュレーディンガーが現れることを期待したい。

巻末に、わたしから二つのメッセージを贈りたい。

一つは本書、生命の陰陽学の結論をできるだけ簡潔なメッセージとして、二つ目は、いつまでも健康で美しく、長寿の生活を送るために、日常の実践的な目標として、貝原益軒《かいばらえきけん》流にまとめたメッセージである。


ことのついでに貝原益軒を紹介すると、彼は江戸時代の儒学者である。70歳の高齢で役を退き、著述業に専念している。著書は生涯に60部70余巻に及ぶと言われる。主な著書に有名な本草書《ほんぞうしょ》、そして教育書の『養生訓《ようじょうくん》』がある。

儒学者として、貝原もやはり中国の古典、朱子学の思想に大きく影響を受けている。

朱子学に影響を受けたわたしが、先人の貝原の養生訓を模擬して本書の末尾に記したのは、あくまでも偶然であり、赤い糸に結ばれた運命の絆としか言いようがない。

何か不思議な因縁を感じるのはわたしの思い過ごしだろうか。

どんな病気にも蘇生のリズムがある
陰陽を知って生き方を悟る

病気にもリズムがある。
治るのにもリズムがある。
健康で心美しく生きるには
まず宇宙の根元的な蘇生のリズムを知ることだ。
そして、あなたの生命の使命感と躍動感で
あなたが悩んでいる「病気は必ず治る」と確信しよう。
それには過去の陰行を振り返り、
現在と未来への陽行に目覚め、
人生の蘇生リズムの法則を覚知することだ。
偉大な諸天の神の加護のもとに
大満足の人生を
大歓喜の人生を歩んでいこう。

ピンピンコロリ　100歳まで生きるコツ15カ条　（山野井昇流養生訓）

①早朝の爽《さわ》やかな空気を深呼吸しよう（肺のリフレッシュ・調心・調息）
②自然の豊富な環境で、両手を上げ、天の気を取り入れよう（陰陽エネルギーの充填《じゅうてん》）
③ゆっくりとからだをほぐす運動を（太極拳・気功・ストイレッチで血行促進）
④入浴、マッサージ、シャワー浴・サウナ（免疫力の向上・自律神経の安定）
⑤日光浴で太陽をからだに取り入れよう（ガン免疫力の強化・骨の形成）
⑥乾布摩擦（風邪予防・免疫力・抵抗力の向上）
⑦部屋には観葉植物を置こう（精神安定・空気の浄化・気の充填）
⑧温泉や森林浴で転地療法（血行促進・免疫力の向上）
⑨旬の野菜・果物・魚を食べよう（不足栄養素の補給・免疫力の向上）
⑩ビタミンやミネラル・酵素を補給しよう（美容・不足栄養素の補給）
⑪からだに適した水を補給しよう（ドロドロ血改善・血行促進・便秘改善）
⑫適量の肉と食物繊維を補給しよう（美肌・骨折予防・免疫力・体力の向上）

⑬ 自分に適した枕・布団で快適睡眠（熟睡・精神安定・免疫力・痛み解消）。
⑭ ストレスを貯めず、リズム正しい生活習慣を（生涯現役・心の安定・認知症予防）
⑮ 人のために役立つ地域交流（慈善活動・社会貢献・心の歓喜・達成感）

謝辞

本書は、四十数年の長きにわたり在職した、東京大学医学部研究室での学究生活と、日頃の生活体験や思索したテーマを書き綴《つづ》り、原稿にまとめ出版したものです。

そして、このテーマの出版に当たっては、とくに、朋友の東京大学特任教授で未病医学研究センター所長の天野《あまの》暁《しょう》（劉影《りゅういん》）先生から、積極的な出版のご推奨をいただきました。また、出版に当たり元講談社、現ＩＤＰ出版の和泉功社長には多くのアドバイスを頂いた。ここに心から感謝の意を表します。

最後に、これまで〝陰〟で支え続けてくれた妻のルミ子、そして家族に、〝ありがとう〟の言葉を捧げたい。

参考文献

山野井昇：『生命の周期性』、『電子医学』第25号、電波実験者１９７８・10
ダン・ブラウン、越前敏弥訳：『天使と悪魔』上中下、角川書店、２００３・10
『現代語訳 黄帝内経素問』上巻、東洋学術出版社、１９９１
諏訪邦夫：『よくわかる酸塩基平衡』、中外医学社、２０００
光岡知足：『腸内細菌の話』、岩波書店、１９７８
山野井昇：『イオン体内革命』、廣済堂出版、１９９６
山野井昇：『サトルエネルギーで健康になる！』現代書林、２００４
美輪明宏：『ああ正負の法則』、ＰＡＲＣＯ出版、２００２
ロバート・Ｂ・ストーン：『あなたの細胞の神秘な力』、祥伝社、１９９４
桜井邦朋：『宇宙のゆらぎが生命を創った』、ＰＨＰ研究所、１９９６
Ａ・Ｌ・リーバー：『月の魔力』、東京書籍、１９８４
神崎愷：『水のふしぎ』、山文社、１９９７
伊勢村壽三：『水の話』、培風館、１９８４
上平恒／逢坂昭：『生体系の水』、講談社、１９８９
垣谷俊昭／三室守：『電子と生命』、共立出版、２０００
永山國昭：『水と生命』、共立出版、２０００
渡辺正／金村聖志／益田秀樹／渡辺正義：『電気化学』、丸善、２００９

小城勝相：『生命にとって酸素とは何か』、講談社、２００２
桜井弘：『金属は人体になぜ必要か』、講談社、１９９６
前野昌弘：『微粒子から探る物性七変化』、講談社、２００２
上平恒：『水とはなにか』、講談社、１９７７
中村運：『生命にとって水とは何か』、講談社、１９９５
桜井弘：『元素１１１の新知識』、講談社、１９９７
斎藤一夫：『元素の話』、培風館、１９８２
吉村勝夫：『元素を知る』、丸善、１９９４
今井弘：『生体関連元素の化学』、培風館、１９９７
渡辺正／中林誠一郎：『電子移動の化学』、朝倉書店、１９９６
不破敬一郎：『生体と重金属』、講談社、１９８１
村越隆之／栗原崇／三枝弘尚／田辺勉：『イオンチャネルの分子生物学』、羊土社、１９９８
東田陽博：『イオンチャネル（１）・（２）』、メジカルビュー社、１９９３
曽我部正博：『イオンチャネル』、共立出版、１９９７
湯浅泰雄：『「気」とは何か』、ＮＨＫブックス、１９９１
王琦・盛増秀：『中国体質学入門』、たにぐち書店、１９８８
朱宗元／趙青樹：『陰陽五行学説入門』、たにぐち書店、１９９０
松井孝典：『宇宙誌』、徳間書店、１９９３
山野井昇：『水素と電子の生命』、現代書林、２０１１

山野井昇：『ケイ素でキレイになる！』、現代書林、２０１６
山野井昇：『ケイ素の力』、秀和システム、２０１６
山野井昇：『生体物理医学からみた朱子学・陽明学思想について～とくに陰陽相対論の現代的意義』第９回日本臨床中医薬学会学術大会論文集、２００９
山野井昇：『未病医学と未来医学～温故知新の医療を求めて』、特別講演：第15回日本地域薬局薬学会学術大会論文集、日本地域薬局薬学会　２０１１
山野井昇：『からだと電気～高電位と低電位の生体調節』教育講演：第11回マイナスイオン応用フォーラム論文集、日本マイナスイオン応用学会　２０１１
山野井昇：『からだと水素～新しい水素医学の応用と展開』会長講演：第12回マイナスイオン応用フォーラム論文集、日本マイナスイオン応用学会、２０１２
山野井昇：『からだと陰陽～中国陰陽論に学ぶ人体と空気と水のバイオサイエンス』会長講演：第13回マイナスイオン応用フォーラム論文集、日本マイナスイオン応用学会２０１３
山野井昇：『中国の古典から学ぶ未来の医学』特別企画『未病と未来医学』座長講演：第20回日本未病システム学会学術総会論文集、日本未病システム学会、２０１３
山野井昇：『アーユルヴェーダと中国陰陽論に学ぶ若返りの医学』ＲＯＰＡＮＡ特別講演、アーユルヴェーダーサロン、一般社団法人日本健康長寿応用医学会、２０１３
山野井昇：『温故知新と未来医学』特別講演、第58回日本薬学会関東支部会大会論文集、２０１４
山野井昇：『水素による抗酸化・美容力』特別講演、ＪＡＡＳ日本アンチエイジング外科・美容再生研究会、

２０１４
山野井昇：『からだと水のアンチエイジング理論～水素と電子で蘇る美と生命細胞』会長講演、第14回マイナスイオン応用フォーラム論文集、日本マイナスイオン応用学会、２０１４
山野井昇：『日本における機能水研究の現状と未来』招聘講演、インドネシア機能水研究会、２０１４、ジャカルタ・インドネシア
山野井昇：『水素によるアンチエイジング＆　美容力』特別講演、（一社）アジアアンチエイジング美容協会　２０１５
山野井昇：『水素の抗酸化・美容力』第11回統合医療展２０１５、特別講演、ＵＢＭメディア株式会社、２０１５、東京ビックサイト
山野井昇：『水素とケイ素の美容力』特別講演、（一社）日本酵素・水素医療美容学会、２０１５
山野井昇：『水素とイオンと生命～病気はこうして癒される！』特別講演、The 5th International Academic Form of Hydrogen Application Academic Exchange meeting of Life-oriented Hydrogen Technology　２０１５、中国
山野井昇：『からだとミネラル～今話題のケイ素の謎を探る』会長講演、第15回　マイナスイオン応用フォーラム論文集、日本マイナスイオン応用学会、２０１５

山野井　昇（やまのい・のぼる）

1947年生まれ。生体物理医学者、東京大学医学部助手を経て、一般財団法人未来医学財団理事長。

四十数年の長きにわたり、大学研究室で医療、健康、美容などの最先端研究に従事。人工心臓や生体工学などの医工学連携を推進。後半に空気と水のイオン研究に励む中で、中国古典の儒学思想・朱子学に影響を受ける。

現在、日本未病システム学会理事、新技術未来戦略会議議長、日本マイナスイオン応用学会会長、アジアアンチエイジング美容協会相談役ほか多数の役職を兼務する。

著書に『水素と電子の生命』『ケイ素でキレイになる！』（現代書林）、聖路加国際病院名誉院長の日野原重明氏との対談集『生き方の処方箋』（河出書房新社）ほか20冊を超える。大学時代の豊富なキャリアと人脈から政官産学に精通し、企業の顧問も多数務めている。現在も新聞・雑誌・書籍の執筆、多彩なテーマの講演で幅広く活躍中。

http://www.mirai-igaku.or.jp/

N.D.C.420　269p　20cm

生命《せいめい》の陰陽学《いんようがく》　よみがえる生体《せいたい》リズムの謎《なぞ》

二〇一六年十月三〇日　第一刷発行

著　者　山野井　昇
発行人　和泉　功
発行所　株式会社 ＩＤＰ出版
東京都港区赤坂六―十八―十一―四〇二
郵便番号　一〇七―〇〇五二
電話　出版部　〇三―三五八四―九三〇一
印刷所　藤原印刷株式会社
装丁　スタジオ・ギブ（山岡茂、野崎二郎）
組版　有限会社ネオ・ドゥー

定価はカバーに表示してあります。

ISBN978-4-905130-23-9　C0040